ESSAI

SUR LES

VARIATIONS DE L'URÉE

ESSAI

SUR LES

VARIATIONS DE L'URÉE

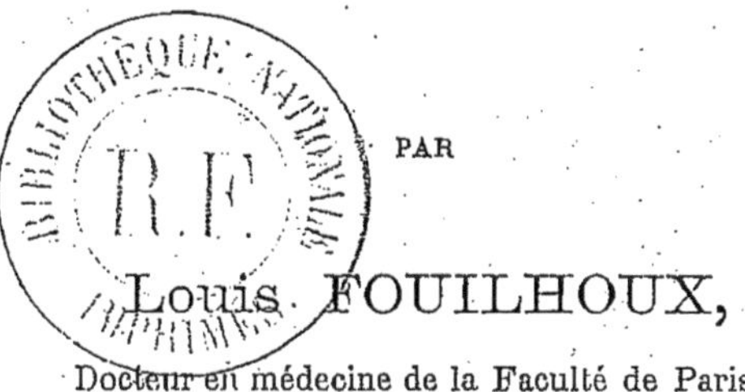

PAR

Louis FOUILHOUX,

Docteur en médecine de la Faculté de Paris.

PARIS

ADRIEN DELAHAYE, LIBRAIRE-ÉDITEUR

PLACE DE L'ÉCOLE-DE-MÉDECINE.

—

1874

A MA GRAND’MÈRE

A MON PÈRE & A MA MÈRE

A MON FRÈRE ET A MES SŒURS

A MON ONCLE ET A MES TANTES

A MES AUTRES PARENTS

A MON PRÉSIDENT DE THÈSE

M. CH. ROBIN

Professeur d'histologie à la Faculté de médecine de Paris,
Membre de l'Académie de médecine,
Membre de l'Institut,
Chevalier de la Légion d'honneur.

———————

A MON PREMIER MAÎTRE

M. BOURGADE

Professeur de clinique interne à la Faculté de médecine de Clermont,
Chevalier de la Légion d'honneur.

De tous les déchets organiques, l'urée est celui dont les variations fournissent les données les plus exactes à la séméiotique et à la physiologie. Les autres principes azotés de l'urine éprouvent, sans doute, des modifications importantes, surtout dans certaines maladies fébriles ; mais l'absence de réactions assez nettes, le nombre et la faible quantité de ces substances ne permettent pas de leur appliquer un mode d'évaluation sûr et commode. On se contente d'en faire le dosage en masse, et cette opération, difficile en dehors des laboratoires, est encore trop longue et trop compliquée pour des recherches cliniques. Il en est autrement de l'urée : l'emploi des méthodes volumétriques a vulgarisé, en la simplifiant, l'étude de ses variations normales ou pathologiques ; et l'on a pu, grâce à l'exactitude et à la rapidité des nouveaux procédés, poursuivre ce produit excrémentitiel à travers la série des maladies et observer ses relations avec les divers phénomènes morbides et les influences médicamenteuses.

Ce travail est l'exposé sommaire de ces recherches, auxquelles j'ai ajouté un grand nombre d'observations personnelles. La réunion et le classement des faits, disséminés dans les publications scientifiques, aura peut-être le mérite d'en faire mieux comprendre la valeur et les conséquences générales, et de faciliter les recherches ultérieures.

Dans un premier chapitre, où sont résumés, avec leurs avantages et leurs inconvénients, les procédés de dosage de l'urée, je décris une nouvelle méthode, dont j'ai pu apprécier l'utilité par de nombreuses analyses, et que M. le Dr Quinquaud a bien voulu me laisser l'honneur de publier. Les observations ont été recueillies à l'hôpital Saint-Antoine, dans le service de M. le Dr Cadet de Gassicourt, dont la bienveillance et les conseils m'ont épargné les difficultés pratiques que présente toute étude urologique. Les analyses ont été faites dans le laboratoire et sous la direction de M. Hirne.

ESSAI

SUR LES

VARIATIONS DE L'URÉE

CHAPITRE PREMIER

PROPRIÉTÉS CHIMIQUES ET DOSAGE DE L'URÉE.

§ 1. — Des nombreuses propriétés chimiques de l'urée, je rappellerai seulement celles qui servent de base aux procédés de dosage.

Ce corps important a été découvert par Rouelle le jeune (1771), et obtenu à l'état de pureté par Fourcroy et Vauquelin (1779), qui lui donnèrent son nom et en constatèrent les principales propriétés.

En 1828, Wœhler traitant le cyanate d'argent par le chlorhydrate d'ammoniaque, obtint, par double décomposition, du chlorure d'argent et du cyanate d'ammoniaque que la concentration convertit en urée. Cette remarquable réaction fut la première synthèse d'un corps organique.

Parmi les nombreuses réactions qui donnent naissance à l'urée artificielle, la plus suivie dans la pratique est celle Liebig : 28 parties de ferro-cyanure de potassium et 14 parties de peroxyde de manganèse sont chauffées au rouge sur une plaque de tôle. On lessive avec l'eau froide le cyanate de potasse ainsi formé, et on obtient ensuite du cyanate d'ammoniaque en ajoutant à cette solution filtrée 20 1/2 parties de sulfate d'ammoniaque.

Inversement, on obtient du cyanate d'argent et du nitrate d'ammoniaque par l'évaporation d'un mélange d'urée et de cyanate d'argent en solution.

La synthèse de l'urée se fait donc, d'une manière générale, dans toutes les réactions qui donnent de l'acide cyanique et de l'ammoniaque.

On la retire de l'urine, en traitant ce liquide, préalablement concentré, par l'acide azotique froid ; les cristaux d'azotate d'urée ainsi obtenus passent par une suite de manipulations qui ont pour but de les purifier. On isole ensuite l'urée en traitant la solution de ces cristaux par le carbonate de potasse.

L'urée représente l'amide de l'acide carbonique. Sa formule est :

$$C^2H^4Az^2O^2.$$

Elle cristallise de sa solution aqueuse, par simple évaporation, en prismes à base carrée, allongés et aplatis, et de sa solution alcoolique concentrée, en longues aiguilles soyeuses.

L'urée est incolore, inodore, de saveur fraîche, soluble dans une partie d'eau à 15°, ou d'alcool bouillant, et dans 5 parties d'alcool froid à 0,82.

Sa densité $=$ 1,35. Sa dissolution est neutre.

L'urée est hygrométrique, et il est indispensable de la dessécher avant d'en faire une solution titrée. Elle fond à 120° et se décompose vers 140° en ammoniaque et en carbonate d'ammoniaque, en laissant un résidu d'amméline et de biuret ou bicyanate d'ammonium.

La solution aqueuse d'urée, chauffée à 140° dans un tube scellé à la lampe, fixe les éléments de l'eau et se décompose complètement en acide carbonique et ammoniaque (procédé de dosage de Bunsen.)

$$C^2H^4Az^2O^2 + H^2O^2 = C^2O^4 + Az^2H^6.$$

Cette même décomposition s'opère lentement à l'air, sous l'influence de divers ferments, dont l'un a été appelé *Nephrozymase* par M. Béchamps. La présence du sucre dans les urines semble favoriser cette fermentation.

La transformation de l'urée en acide carbonique et ammoniaque, s'obtient encore par l'action des acides minéraux énergiques et des alcalis. Avec les acides, l'acide carbonique se dégage et il reste un sel d'ammoniaque (sulfate dans le procédé de dosage de Heintz).

$$C^2H^4Az^2O^2 + 2HSO^4 = 2(AzH^3SO^3) + 2CO^2.$$

Les alcalis retiennent au contraire l'acide carbonique et laissent dégager l'ammoniaque.

On connaît un grand nombre de sels d'urée, obtenus par la simple action des acides sur la base en solution concentrée : nitrate, oxalate, chlorhydrate, tartrate, succinate d'urée, etc. Il existe aussi des nitrates doubles d'urée et d'argent, de mercure, de soude, etc. L'urée forme enfin des combinaisons multiples avec certains chlorures et oxydes métalliques (mercure, argent, sodium.) Le plus important de ces composés, à cause de son application au dosage de l'urine, est celui de l'urée et de l'oxyde

Fouilhoux.   2

mercurique, que l'on obtient sous forme de précipité blanc gélatineux, lorsqu'on mélange une solution d'urée et une solution de nitrate de mercure étendue (procédé de Liebig).

L'urée se décompose en eau et en volumes égaux d'acide carbonique et d'azote, sous l'influence du chlore, des hypochlorites et des hypobromites alcalins.

$$C^2H^4Az^2O^2 + 6MOCLO = 2CO^2 + 2Az + 4HO + 6MCL.$$

L'acide azoteux en solution dans l'acide nitrique et l'azotite acide de mercure produisent la même décomposition :

$$C^2H^4Az^2O^2 + 2AzO^3 = 4HO + 4Az + 2CO^2.$$

Telle est la formule admise par quelques chimistes, mais Prévost et Dumas ont constaté la formation de volumes égaux d'acide carbonique et d'azote :

$$C^2H^4Az^2O^2 + 6O = 4HO + 2Az + 2CO^2 \text{ (Berthelot)}.$$

M. Gréhant a démontré qu'il y a bien réellement égalité entre les volumes de ces deux gaz. D'autres chimistes (Liebig, Wœhler, Ludwig, etc.), ont enfin signalé la présence de l'ammoniaque. M. Boussingault et M. Boymond l'ont démontrée par un dosage précis. Ce dernier auteur exprime ainsi la vraie réaction de l'acide azoteux sur l'urée :

$$C^2H^4Az^2O^2 + AzO^3 = AzH^3 + HO + 2Az + 2CO^2,$$

ou bien,

$$C^2H^4Az^2O^2 + AzO^5, HO + AzO^3 = AzH^3, AzO^5, + HO + 2Az + 2CO^2.$$

M. G. Bouchardat a produit la même décomposition de l'urée (eau, ammoniaque et volumes égaux d'acide carbonique et d'azote), en faisant agir l'hydrogène naissant sur le nitrate d'urée.

$$C^2H^4Az^2O^2, +AzO^5, HO+2H=4HO+A^3H^3+2CO^2+2Az.$$

Il explique cette réduction par l'action de l'hydrogène sur l'acide nitrique, qui lui cède une partie de son oxygène pour former de l'eau et se convertit en acide nitreux dont l'action vient d'être exposée.

§ 2. — *Transformation artificielle des matières albuminoïdes en urée.*

La solution de ce problème longtemps cherchée par les chimistes, a été obtenue, en 1856, par M. Béchamp, qui, le premier, produisit de l'urée en oxydant ces substances au moyen du permanganate de potasse. Les résultats de cette réaction ont été contestés par plusieurs chimistes étrangers (Stadeler, Neubauër, Neukom, etc.). Au lieu d'urée, ils ont obtenu de l'acide benzoïque combiné avec les bases employées pendant l'opération. Mais M. Ritter, répétant les expériences de M. Béchamp dans des conditions absolument identiques, est arrivé aux mêmes conclusions que lui.

30 gr. d'albumine ont produit	0,09	d'urée.
30 gr. de fibrine	—	0,07 —
30 gr. de gluten	—	0,30 —

Il a démontré en même temps que l'insuccès de ses prédécesseurs tenait à la conduite de l'opération.

Quoique les réactions du laboratoire ne soient pas comparables à ce qui se passe dans l'organisme, ces résultats n'en sont pas moins intéressants pour la physiologie; ils montrent que les principes excrémentitiels de l'urine proviennent de la transformation plus ou moins avancée des matières albuminoïdes. MM. Béchamp et Ritter ont encore obtenu, à côté de l'urée, d'autres produits cristallisables, dont la présence prouve que l'oxydation a déterminé plutôt un dédoublement qu'une simple métamorphose de ces matières. L'étude de ces composés peu connus jettera peut-être encore plus de lumière sur la physiologie de la désassimilation.

L'urée s'obtient aussi par l'oxydation complète de quelques produits excrémentitiels qui l'accompagnent dans l'urine et qui ont subi une oxydation moins avancée. L'acide urique, dans certaines conditions de température et en présence du brome, de l'iode et du chlore en suspension dans l'eau, se dédouble en alloxane et en urée. Ce même dédoublement se produit en mélangeant une partie d'acide urique et 4 parties d'acide azotique concentré. L'oxydation de la créatine, de la créatinine, de la guanine, de la théine et de la taurine donne encore naissance à l'urée.

§ 3. — *Dosage de l'urée.*

On a utilisé pour le dosage de l'urée, les diverses combinaisons et décompositions que nous venons de résumer, et cette division chimique peut être conservée dans la description des procédés : les uns ont pour base la précipitation de l'urée à l'état de sel (nitrate principalement), ou en une combinaison insoluble avec l'oxyde de mercure (procédé de Liebig) ; dans les autres, ou la dose à

l'état de sel ammoniacal provenant de sa décomposition (Heintz, Bunsen), ou bien on mesure, d'après leur
poids ou leur volume, les éléments de l'urée décomposée, azote et acide carbonique. Ces derniers procédés sont les plus nombreux et les plus exacts. Dans
toutes ces réactions, on a appliqué tantôt la méthode
des pesées, longue et difficile, tantôt la méthode volumétrique, rapide, commode et souvent plus précise,
surtout depuis les nouveaux perfectionnements.

Je passerai sommairement en revue les principaux
de ces procédés très-nombreux et en partie abandon-
nés, j'insisterai seulement sur leurs avantages, leurs
inconvénients, et leur degré de précision. La description détaillée des divers appareils se trouve dans plusieurs ouvrages spéciaux : (G. Bouchardat, 1869; Boymond, 1872; Coste, 1873, — Thèses de Paris; Mémoires
de la Société de biologie, 1872-73 ; comptes-rendus de
l'Académie des sciences). Je décrirai seulement le procédé encore inédit de M. Quinquaud.

La plupart des auteurs conseillent de prendre certaines précautions générales, avant de procéder à un
dosage quelconque. Je ne pense pas qu'il y ait de règle
applicable à tous les cas; chaque procédé demande,
suivant la nature des urines, des précautions particu-
lières. Du reste, les nouveaux appareils, non moins
précis que les anciens, visent à la rapidité et tendent
à dispenser l'opérateur de toute manipulation préalable. Rappelons toutefois que la décoloration de l'urine
n'est pas sans influence sur le dosage de l'urée. Voici
le résultat des recherches de M. Esbach à ce sujet :

1° Une urine décolorée par le noir animal subit une
perte en éléments azotés décomposables; cette perte

est en moyenne d'un dixième de l'azote que fourni-
rait l'hypobromite.

2° Cette perte, très-sensible sur l'urée et la créatinine,
étudiées séparément, porte dans l'urine, principalement sur l'urée.

3° On s'exposerait ainsi à une erreur en moins, variant de 2 gr. 5 à 3 gr. sur la quantité d'urée rendue
en vingt-quatre heures. (Mémoires de la Soc. de biologie, 1873.)

Il va sans dire que les urines ne doivent avoir subi
aucune altération. Pour éviter ce grave inconvénient,
on doit faire usage de bocaux en verre bien nettoyés
chaque jour et recouverts, pour empêcher l'air d'y introduire des matières auxquelles on attribue une influence sur la transformation ammoniacale de l'urée.
L'urine qu'on veut analyser doit être prise dans la
quantité sécrétée en vingt-quatre heures. C'est une
condition indispensable et plus importante, selon la
remarque de M. Quinquaud, que le dosage tout à fait
exact ; car le volume recueilli en vingt-quatre heures
est très-variable, ainsi que la composition du liquide
aux divers moments de la journée. Les procédés de
dosage les plus précis exposent déjà à tant de causes
d'erreur, qu'il ne faut pas négliger des précautions
aussi faciles à prendre. Dans un service d'hôpital, où
l'on a beaucoup de malades en observation, il suffit
d'un bocal gradué par 50^{cc}, pour mesurer le contenu
des autres à 10^{cc} près. On doit aussi prendre la densité.
C'est une indication qui peut quelquefois, avec celle du
volume et les chiffres des jours précédents, faire soup-
çonner la fraude ou la négligence des malades ; elle
fournit enfin une notion approximative du total des

matières solides et même de la proportion d'urée ; notion utile, quand il faut, dans certains procédés, varier le volume d'urine à analyser suivant sa richesse en urée.

Procédés de dosage. — L'insolubilité dans l'eau et dans l'alcool du nitrate d'urée, obtenu en versant l'acide sur l'urine concentrée, a servi de principe aux premiers dosages (Vauquelin) ; et certains chimistes ont encore conservé cette méthode (Lecanu, Chalvet). La température assez élevée à laquelle on expose l'urée, la présence des chlorures et une légère solubilité du nitrate, sont autant de causes d'erreur. Néanmoins, M. Quinquaud a utilisé cette réaction pour rechercher de petites quantités d'urée chez les nouveau-nés ; mais il a évaporé le liquide sous la machine pneumatique en présence de l'acide sulfurique, et a produit la réaction dans un petit tube refroidi par la glace.

Heintz transforme l'urée en sel ammoniacal sous l'influence de l'acide sulfurique ; l'ammoniaque est précipitée à l'état de chloroplatinate, et dosée d'après la quantité de platine métallique.

Bunsen chauffe, dans un tube scellé, l'urine mélangée à une solution ammoniacale de chlorure de baryum. L'urée décomposée est évaluée d'après le carbonate de baryte obtenu. Ces deux procédés sont longs, compliqués et inexacts. La créatine et la créatinine donnent, en effet, de l'ammoniaque.

Procédé de Liebig. — L'azotate de bioxyde de mercure forme avec l'urée, un composé blanc floconneux insoluble dans les liqueurs neutres. Cette combinaison se fait entre un équivalent d'urée et 4 équivalents de bioxyde. Pour précipiter une partie d'urée, il en faut 7,7 d'oxyde mercurique, c'est-à-dire 7,148 de mercure. On se sert d'une solution dont chaque centimètre cube précipite 0,010 d'urée. L'appareil se compose d'une burette de Moor.

Il faut débarrasser l'urine des sulfates et des phosphates avec une solution barytique; du chlorure de sodium, avec l'azotate d'argent; de l'albumine, en la précipitant et en filtrant; de certaines matières azotées, par l'acétate de plomb. Toutes ces substances donneraient un précipité avec la solution mercurielle.

Enfin, cette solution ayant été titrée pour précipiter 2 p. 100 d'urée, il faut concentrer ou étendre l'urine, ou bien, faire des corrections, selon que l'urée est au-dessus ou au-dessous de cette proportion.

Le procédé de Liebig offre les avantages d'une assez grande exactitude et de la rapidité d'exécution commune aux méthodes volumétriques. Mais, avant d'en arriver à l'opération principale, il est souvent nécessaire de faire subir à l'urine des manipulations multiples qui rendent les analyses beaucoup plus longues. Néanmoins, c'est un excellent procédé et des plus répandus jusqu'à ce jour; seulement, son exécution exige assez d'habitude et le rend d'un emploi difficile en dehors du laboratoire.

Les procédés suivants ont pour principe la décomposition de l'urée par les hypochlorites, les hypobromites alcalins et l'acide azoteux. 0 gr. 10 d'urée donnent 37 cc. d'azote; avec les deux premiers réactifs, l'acide carbonique, qui s'est dégagé, est absorbé par l'excès d'alcali.

S'il s'agit d'une méthode volumétrique et que l'on veuille faire un dosage précis, on ne doit pas négliger les corrections relatives à la température et à la pression barométrique. Mais, dans les recherches cliniques, il est inutile, pour une erreur de quelques centigrammes, de compliquer des procédés suffisamment approximatifs. Cette correction se fait à l'aide de la formule suivante :

$$V' = \frac{V(H-b)}{760 \times (1 + 0,003665t)}.$$

V' = le volume cherché.

V = le volume trouvé.

H = la pression barométrique observée.

b = la tension de la vapeur à la température t.

t. = la température.

760 = la pression normale.

0,003665 = le coefficient de dilatation des gaz. On pourrait connaître dirctement le poids de l'urée par la formule :

$$P = \frac{V(H-b)}{760 \times 370 \, (1 + 0,003665t)}.$$

dans laquelle 370 est le nombre de centimètres cubes d'azote que dégage 1 gramme d'urée.

L'hypochlorite et l'hypobromite de soude décomposent aussi les autres matières azotées de l'urine, assez rapidement pour altérer les résultats et non assez complètement pour permettre un dosage en masse de tous ces principes. L'excès d'azote, qui en résulte, est évalué à 1/20 par M. Leconte, à 4 1/2 p. 100 par M. Yvon, et à 1/70 par M. Esbach. D'après ce dernier, l'acide urique donne 1/10 de son azote, la créatine les 2/3, la créatinine 1/10 ; l'acide hippurique n'est pas attaqué. On peut éviter l'erreur en précipitant la créatine par le chlorure de zinc, et les urates par l'acétate de plomb. — Si l'urine contient de l'albumine on s'en débarrasse par l'acide acétique, la chaleur et la filtration.

Le Dr Davy a dosé l'urée, au moyen de l'hypochlorite de soude, en se servant d'un long tube gradué. Mais ce procédé approximatif est très-inférieur à ceux de M. Esbach et de M. Bouchard dont les manipulations sont analogues.

Dans le procédé de M. Leconte (hypochlorite de soude), on reçoit l'azote sous une éprouvette graduée. L'opération dure vingt minutes, c'est-à-dire 4 à 6 fois plus que dans les procédés de MM. Yvon, Regnard et Esbach.

Le réactif employé par ces auteurs est une solution d'hypobromite de soude, dont la formule est variable. Voici celle dont se sert M. Esbach :

Eau filtrée	120 c c
Lessive de soude. . . .	50 c c
Brome.	6 c c (6 gr.)

Les trois procédés sont simples, d'une exécution facile et rapide, peu coûteux et assez précis. Tous ces avantages me semblent réalisés à un plus haut degré dans celui de M. Esbach. On évite ici l'erreur causée par la température et la pression barométrique, en même temps que l'on calcule le poids de l'urée. Pour cela, on fait une analyse comparative avec 1 c. c. d'une solution titrée au 100°, et l'on divise le nombre de divisions trouvé avec l'urine par celui de la solution; ou mieux, on se sert des tables baroscopiques de l'auteur, qui dispensent des calculs et de l'analyse comparative. C'est le procédé dont je me suis servi pour un grand nombre d'analyses.

Dans le procédé de M. G. Bouchardat, dont le principe a été déjà exposé, le poids de l'urée est obtenu en multipliant celui de l'acide carbonique dégagé par le rapport $60/40 = 1,3636$. Il a l'inconvénient d'exiger une forte balance de précision et d'être trop long pour des recherches cliniques.

Il en est de même de celui de Millon, modifié par MM. Berthelot et Bergeron, Naquet et Papillon, de ceux de M. Boymond et de M. Hétet, dans lesquels l'urée est décomposée par le *réactif de Millon*.

Réactif de Millon. — Ce liquide vert bleuâtre, dont la formule serait difficile à poser, est de l'azotite de mercure dissous dans un mélange d'azotate et d'acide azotique. On le prépare en faisant dissoudre 125 gr. de mercure dans 170 gr. d'acide azotique pur et concentré. La dissolution se fait à froid. On mesure le volume de solution mercurielle obtenue, et on lui ajoute un volume égal d'eau distillée (Boymond). Ainsi préparé, ce liquide agit assez rapidement à froid et encore plus à une chaleur modérée. Quoi qu'en disent certains auteurs, il ne se conserve pas très-bien; mieux vaut le renouveler souvent.

Il n'est pas indispensable, dans cette préparation, de suivre rigoureusement les proportions d'acide et de mercure indiquées par les auteurs. En mettant dans une capsule un globule de mercure, et, en y versant quelques centimètres cubes d'acide nitrique, on obtient rapidement un réactif énergique, que l'on renouvelle au moment de s'en servir. S'il est trop actif, il est toujours facile de l'affaiblir; on n'a qu'à l'étendre ou le laisser un instant à l'air libre.

C'est à l'acide azoteux, resté en dissolution dans ce liquide, qu'il faut attribuer la décomposition de l'urée. Toutes les réactions, dans lesquelles il se développe des produits nitreux, peuvent donc servir à faire un réactif dont l'action sera la même sur cette substance. C'est ainsi que M. Hirne a eu l'idée d'utiliser la combinaison de l'acide nitrique avec le cuivre ou le fer pour obtenir un réactif de l'urée, analogue à l'azotite de mercure. Si l'on jette un peu de tournure de cuivre ou de fer dans l'acide nitrique, et si la couche de liquide est assez épaisse pour retenir les vapeurs nitreuses, provenant de la réaction qui se produit au fond du vase, la solution d'azotate et d'acide azoteux ainsi obtenue, décompose l'urée aussi rapidement que le réactif de Millon. Les trois liqueurs ont donné les mêmes résultats avec l'appareil de M. Quinquaud ; il a suffi de quatre à cinq minutes pour décomposer complètement l'urée. Ces réactifs se conservent longtemps dans un flacon bien bouché. Mais il est préférable de les renouveler ou de leur rendre leur énergie, en ajoutant quelques morceaux de cuivre ou de fer à la solution d'azotate préparée une première fois ; l'acide, qui est en excès, attaque encore le métal et se charge de nouveau d'acide azoteux.

On se sert, pour cela, d'une longue épouvette remplie d'acide, au fond de laquelle on jette quelques parcelles de métal. Les vapeurs nitreuses ne peuvent traverser la couche épaisse du liquide sans se dissoudre en grande partie.

Ce réactif n'est pas, sans doute, supérieur à celui de Millon, mais il peut le remplacer sans inconvénient et même avec l'avantage d'une légère économie.

Procédé de M. Gréhant. — L'opération se fait dans un long tube, mis en communication avec la pompe pneumatique à mercure. Le réactif est préparé en faisant dissoudre un globule de mercure, dans l'acide nitrique. On mesure le volume d'acide carbonique ou d'azote obtenu. Un centimètre cube de C^{O_2} représente $2^{mm},683$ d'urée, à 0° et à la pression 760. C'est le plus exact des procédés de dosage, mais il ne peut être employé en dehors des laboratoires.

Nous avons vu que, avec tous les réactifs précédents on ne peut obtenir les produits de l'urée seule, si l'on n'a pas préalablement précipité les principes similaires plus ou moins attaqués par l'azotate de mercure, les hypochlorites et les hypobromites alcalins.

L'action spéciale et prompte du réactif de Millon sur l'urée pouvait seule servir de base à un procédé clinique débarrassé de toutes les manipulations accessoires, qui exigent souvent un grand nombre d'objets de laboratoire. Millon et M. Boymond ont démontré, en effet, par de nombreuses analyses que l'acide azoteux n'a aucune action sur la créatine, la créatinine, la xanthine, l'hypoxanthine, la leucine, la tyrosine, les acides hyppurique, acétique, oxalique, lactique, l'albumine et le sucre de diabète. L'acide urique ne donne des quantités appréciables de gaz qu'après plusieurs heures de réaction.

La décomposition de l'urée est au contraire, assez prompte, quand le liquide est préparé extemporanément, pour permettre un dosage des plus rapides. Les produits étant gazeux, on peut leur appliquer la méthode volumétrique, qui est la plus commode.

Procédé de M. Bouchard. — L'auteur a cherché à utiliser ces avantages par un nouveau procédé dont la description se trouve dans les mémoires de la société de Biologie, (1873), et dans la thèse de M. Juventin, (1874). L'appareil se compose d'un tube gradué, fermé par un bout, long de 50 à 60 centimètres et de 1 centimètre et demi de diamètre. On y verse environ 10 cent. cubes du réactif de Millon, et, par dessus, du chloroforme, jusqu'à 6 ou 8 centimètres de l'ouverture; on y ajoute 2 cent. c. d'urine et on achève de remplir avec de l'eau. Le tube, bouché avec le doigt, est alors renversé pour mélanger les liquides, puis agité pour achever la réaction. On enlève le pouce, après avoir plongé dans l'eau l'extrémité sur laquelle il était appliqué. L'acide carbonique est absorbé par un morceau de potasse introduite au moyen d'un bouchon percé d'un trou. On lit ensuite le nombre de divisions occupées par l'azote, en plongeant le tube dans l'eau et faisant coïncider les niveaux des liquides.

Ce procédé, comme on le voit, est aussi simple que ceux qui ont pour principe la décomposition de l'urée par l'hypobromite de soude. Le réactif de Millon lui donne même une grande supériorité au point de vue de l'exactitude. Mais, lorsque les analyses sont nombreuses, il a l'inconvénient d'exiger une assez grande dépense de chloroforme. En outre, les manipulations n'ont peut-être pas encore la simplicité qu'on est en droit de demander à un procédc clinique. Le temps de l'opération, où l'on absorbe l'acide carbonique par la potasse, exige des précautions et une certaine habitude; il est quelquefois nécessaire d'introduire à plusieurs reprises un morceau de potasse, quand ce produit s'est carbonaté au contact de l'air, et qu'au lieu d'absorber l'acide carbonique, il en dégage en présence de l'acide nitrique. Aussi faut-il, autant que possible, laisser diluer le liquide du tube à réaction pour en diminuer l'acidité.

Procédé proposé par M. Quinquaud. — Le réactif est celui de Millon, préparé en faisant dissoudre un peu de mercure dans l'acide nitrique, et légèrement affaibli pour que la réaction ne soit pas trop vive. Nous avons vu que le cuivre et le fer pouvaient servir à la préparation d'un réactif analogue (Hirne).

Au lieu d'évaluer l'urée, comme dans toutes les méthodes précédentes, d'après le volume de l'acide carbonique ou de l'azote, provenant de sa décomposition, on conserve les deux gaz. Il fallait, pour cela, les mettre en contact avec un liquide qui n'absorbât pas l'acide carbonique; M. Quinquaud s'est servi de la glycérine.

L'appareil (1), dont la figure ci-dessous fera mieux comprendre la forme qu'une simple description, se compose de deux cylindres en verre, communiquant par un tube beaucoup plus mince, qui monte de l'extrémité inférieure du premier à l'extrémité supérieure du second. Un tube de même calibre, partant de l'extrémité inférieure de ce dernier, s'élève parallèment et présente en haut un renflement, en forme de petit ballon, dont la capacité est égale à celle de tout l'appareil, et qui s'ouvre supérieurement par une petite tubulure. Le bout supérieur du premier cylindre est effilé et légèrement incliné en dehors ; il présente, près de son ouverture, un léger renflement destiné à retenir le tube.

(1) Cet appareil se trouve chez M. Alvergnat, rue de la Sorbonne, 10.

de caoutchouc qu'on y adapte, et qu'on serre avec un fil métallique. L'appareil est rempli de glycérine ; les deux niveaux du liquide s'arrêtent, l'un à la circonfé-rence du tube de caoutchouc, l'autre à la base du bal-lon. Les cylindres, ont 15 centimètres environ de lon-gueur, 2 centim. de diamètre, et présentent neuf divisions subdivisées en dixièmes ; ils sont verticale-ment fixés dans un support en bois. La hauteur de tout l'appareil ne dépasse pas 20 centimètres.

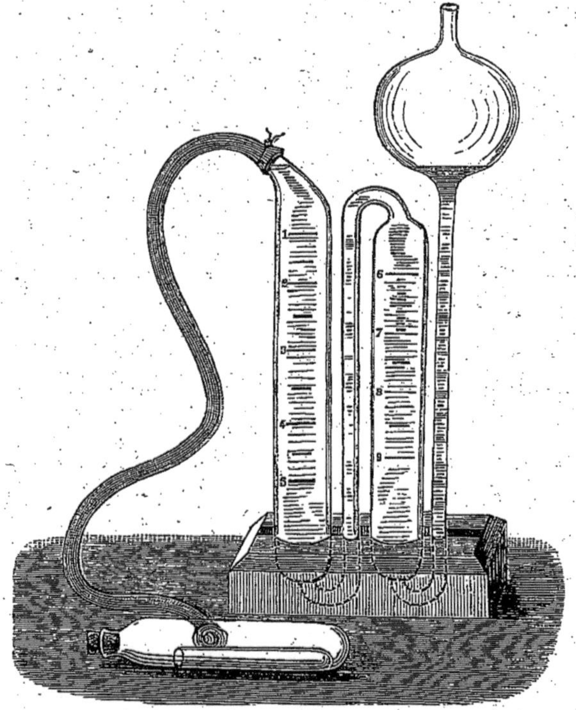

On voit, au bas de la figure, un tube de verre en forme de petit flacon, c'est-à-dire fermé d'un bout et présentant à l'autre une ouverture rétrécie, dans laquelle pénètre un bouchon de caoutchouc. Il est long

de 8 cent. environ et large de 2 cent. Vers le milieu
de sa longueur, existe une tubulure coudée à laquelle
on adapte le tube de caoutchouc, long de 30 cent. environ, qui le fait communiquer avec l'appareil. C'est là
que se passe la réaction. La figure représente dans son
intérieur un petit tube de verre, sur lequel sont mar-
quées deux divisions de centimètres cubes, et qui a été
introduit par l'ouverture du flacon.

Voici la manière de se servir de cet appareil et son
mode de graduation. On verse dans le flacon le réactif
de Millon, jusqu'à une hauteur indiquée par un trait,
c'est-à-dire environ 6 cent. cubes. On y introduit
alors, en le tenant légèrement incliné, le petit tube
gradué renfermant un centimètre cube d'une solution
d'urée au 100e, (soit 1 centig. d'urée); on achève de le
pousser avec le bouchon de caoutchouc, pour que les
liquides ne se mélangent pas avant que le flacon ne soit
bien bouché. En mettant alors l'appareil dans une
position horizontale, le mélange se fait et la réaction
commence. On peut la modérer en variant l'inclinai-
son, ou l'accélérer par l'agitation. L'acide carbonique
et l'azote dégagés font aussitôt baisser la glycérine
dans le premier cylindre, tandis qu'elle s'élève dans
le ballon. Vers la fin de l'opération, on agite les
liquides pour terminer la réaction, et, quand elle
est finie, ce qu'on reconnait facilement à l'absence de
dégagement gazeux, et à ce que le niveau de la glycérine ne s'abaisse plus, on marque sur le verre un trait
correspondant au bord inférieur de ce niveau. Toutes
les fois qu'un centimètre cube de liquide analysé con-
tiendra la même proportion d'urée que la solution
au 100e, le dégagement gazeux fera baisser la glycé-

rine jusqu'à ce premier trait. En variant le titre de la solution, on a établi de même les autres divisions et les subdivisions; chacune de celles-ci correspond à 1 millig. d'urée décomposée. Il y a neuf grandes divisions : pour les remplir de gaz, il faudrait 9 centig. d'urée par centimètre cube, c'est-à-dire 90 gr. pour 1000. Comme l'urée atteint très-rarement cette proportion dans l'urine, il vaut mieux employer deux centimètres cubes de liquide, pour diminuer les causes d'erreur. On divise le résultat par deux, avant de le multiplier par le volume des urines.

Les divisions de l'appareil sont inégales; elles diminuent à partir de la première, parce que le volume des gaz se réduit à mesure que la hauteur du liquide s'élève dans le ballon. L'intervalle des subdivisions étant au moins de deux millimètres, on peut, en mettant l'appareil dans une position tout à fait verticale, apprécier à 20 centig. près, la proportion d'urée pour 1000, quand le niveau s'arrête entre deux subdivisions.

Si l'urine renferme des carbonates alcalins, il faut la traiter par quelques gouttes d'acide nitrique, ce qu'on peut faire dans le petit tube gradué.

Ce procédé n'étant peut-être pas toujours assez sensible pour la faible quantité d'urée contenue dans deux centimètres cubes (polyurie), on n'a qu'à mettre d'abord 5 ou 6 cent. cubes de cette urine dans le flacon, et on introduit ensuite le réactif avec le petit tube.

L'inégalité des divisions ne permet pas de faire les corrections relatives à la température et à la pression; mais nous avons vu qu'on pouvait les négliger en clinique. Le procédé reste encore suffisamment exact.

Il a, sur tous les autres, l'avantage d'être sim le dans ses manipulations et de laisser l'opérateur presque inactif.

CHAPITRE II.

DE L'URÉE AU POINT DE VUE PHYSIOLOGIQUE.

§1. — *Origine et élimination.*

L'urée s'élimine principalement par les reins, orga-nes de filtration et non de sécrétion, dont le rôle actif et spécial consiste à faire élection de certains maté-riaux devenus impropres à la vie. Avant d'arriver à cette formule, la physiologie des fonctions rénales a traversé de grandes difficultés expérimentales. Il est inutile de retracer ici les discussions auxquelles a donné lieu la question de savoir si le rein filtre, ou secrète l'urée. En 1823, Prévost et Dumas démontrè-rent que ce produit s'accumule dans le sang après la néphrotromie. Cl. Bernard et Bareswill ont confirmé ces résultats. En outre, Cl. Bernard a constaté l'élimi-nation de sels ammoniacaux par la surface digestive, quelques heures après l'ablation des reins. L'animal néphrotomisé n'éprouve des accidents que lorsque cette voie de sortie devient insuffisante. Picard (thèse de Strasbourg, 1856), apporta de nouvelles preuves. Il résulte de ses recherches que l'urée existe dans le sang normal; que celui de la veine rénale, en contient moins que celui de l'artère (: : 0,18 : 0,36); que la plupart des liquides sécrétés en renferment; enfin que les altérations rénales forcent l'urée à s'accumu-ler dans le sang. Certains physiologistes (Oppler, Zalesky, etc.), arrivèrent plus tard à des conclusions opposées; mais la vérité fut bientôt rétablie par les

travaux de Meissner, et surtout par les belles recherches de M. Gréhant, qui résolut les difficultés les plus
délicates de l'expérimentation, au moyen d'un procédé de dosage aussi rigoureux que possible. Ses
expériences démontrent que la néphrotomie et la ligature des uretères ont le même effet sur la fonction
rénale ; que l'accumulation de l'urée dans le sang
commence aussitôt après l'ablation des reins et continue régulièrement et proportionnellement au temps.
« Le poids de l'urée qui s'accumule dans le sang après
la néphrotomie est égale à celui que les reins auraient
excrété pendant le temps qui suit l'opération. »

Le professeur G. Primavera a essayé de prouver
que les reins ne sont pas de simples filtres et qu'ils
ont au moins une influence sur les qualités de l'urée.
Lorsqu'on ajoute de l'acide nitrique à une petite quantité d'urine concentrée, on obtient un gâteau plus
ou moins régulier, formé de cristaux de nitrate
d'urée, si l'urine est d'un individu sain ; mais si elle
provient d'un rein altéré, on n'obtient plus de tablet-
tes, comme cela se voit constamment dans les urines saines : on a, au contraire, à la place des cristaux
(période atrophique de la néphrite), ou avec ces cristaux (dans des cas plus légers), des flocons petits
ou grands en pinceaux ou en balais. Et de cette *alté-
rabilité qualitative* de l'urée dans toutes les maladies
avec altération plus ou moins prononcée des reins,
l'auteur conclut à une activité élaboratrice de ces
organes (1). La preuve me semble insuffisante, ne
serait-il pas aussi logique de dire que l'altération

(1) *Morgagni*, de Naples, 1872, tiré de la *Revue des sciences médicales*, 1873.

rénale fait subir à l'urée, au moment de son passage, une modification qu'elle n'éprouve pas dans un organe sain? Pour élucider complètement cette question, il suffirait de comparer, à ce point de vue, l'urée du sang et celle des urines. Jusqu'ici la chimie n'a indiqué entre elles aucune différence.

L'urée existe donc dans le sang, et ce liquide en contient des quantités variables suivant les organes qu'il a traversés (Gobley et Poiseuille). La moyenne, à l'état normal, est de 0 gr. 016 pour 1,000 (Picard), ou 0 gr. 018 pour 1,000 (Marchand).

Cette proportion, chez les animaux, varie avec l'espèce et les individus.

En sortant d'un organe, le sang contient moins d'urée qu'en y entrant, d'après Gobley et Poiseuille, ce qui les amène à penser que ce produit n'est pas seulement excrémentitiel, mais qu'il subit en partie des dédoublements.

Le chyle et la lymphe en contiennent une plus forte proportion que le sang. (Wurtz, *Comptes-rendus de l'Académie des sciences,* 1859.)

La présence de l'urée a été constatée dans tous les liquides de l'organisme (Nysten, Simon, Bouchardat, Quevenne, Favre, Millon, Woehler, etc.); 1,000 parties des humeurs suivantes ont donné à M. Picard.

Lait	0,013
Humeurs de l'œil	0,500
Sueurs	0,088
Salive	0,035
Bile	0,030
Liquide amniotique	0,035
Sérosité de l'ascite	0,015
Sérosité du vésicatoire	0,060

On l'a trouvée aussi dans le liquide céphalo-rachi-
dien.

D'après ces recherches, l'urée paraît se former dans
l'intimité de tous les tissus, au sein desquels le sang
se décompose et se recompose sans cesse dans le
double mouvement de la nutrition; et ce qui le
prouve, c'est sa dissémination normale ou acciden-
telle dans tout l'organisme (Cl. Bernard). La détermi-
nation du lieu de son origine ne repose pas encore
sur des faits bien précis; et pourtant il serait presque
indispensable de la connaitre pour découvrir son
mode de formation.

L'urée est le dernier terme des transformations que
traversent les matières azotées en passant de l'état
organique à l'état cristallisable. Sa résistance aux
oxydants les plus énergiques prouve qu'elle est l'ex-
pression la plus complète des combustions organiques
Aucune réaction chimique ne peut la transformer sans
la décomposer, c'est-à-dire sans la réduire en ses
premiers éléments, azote et acide carbonique. C'est de
toutes les matières animales, celle qui renferme le
plus d'azote (46,7 pour 100). Elle est inconnue dans le
règne végétal.

Pour M. Robin, l'urée est le résultat des phénomènes de désassimilation qui se passent dans l'intimité des tissus, et notamment de la désassimilation
de la musculine et de la géline. « La confusion entre
les propriétés des éléments et des tissus et les fonctions, l'absence de méthode dans la manière d'envisa-
ger les actes de l'organisme, ont conduit à une hypothèse erronée sur le mode de production de l'urée...
Les chimistes ont pris à tort ce principe pour un pro-

duit de la combustion des substances azotées qui serait opérée par la fonction de respiration... L'urée, ainsi que d'autres principes de la même classe, naît par catalyse dédoublante durant la désassimilation, l'un des côtés du double acte continu de nutrition. »

M. Bouchardat pense aussi que l'urée ne provient pas de la simple oxydation, mais du dédoublement des principes immédiats azotés; et, d'après quelques faits pathologiques, il est porté à croire que certains organes (foie et pancréas) jouent un rôle important dans cette transformation.

Neubaüer et autres physiologistes allemands admettent que l'urée se produit dans le sang par un procédé d'oxydation, aux dépens des substances azotées devenues inutiles et incomplètement brûlées (créatine, créatinine, xanthine, acide urique, etc.), qui seraient une forme transitoire entre ce principe et les éléments protéiques des tissus épuisés. On produit, en effet, de l'urée, par l'oxydation artificielle de ces subtances; et leur ingestion détermine son augmentation rapide dans les urines.

Il est bien possible qu'une partie de ces produits intermédiaires s'oxyde complètement dans le sang, en présence de l'oxygène et des alcalis libres. Mais l'origine de l'urée ne se rattache pas exclusivoment à cette oxydation. Si l'acide urique, par exemple, n'avait que cette destination, la quantité d'acide oxalique produite en même temps serait telle, qu'il se formerait des masses calculeuses d'oxalate de chaux. Les oiseaux qui ne manquent ni d'oxygène, ni d'exercice, produisent néanmoins des quantités considérables d'acide urique (Bouchardat).

Plusieurs cas pathologiques démontrent aussi que l'urée et les produits similaires ne proviennent pas d'une simple oxydation : s'il en était ainsi, toutes les fois que leur hypersécrétion atteint un chiffre très-élevé, la température serait au-dessus de la normale. Or, le fait est loin d'être fréquent dans certaines maladies, où l'azoturie est un symptôme important; l'excès d'urée provient donc alors d'une désassimilation exagérée des divers tissus et de leur *dédoublement* en plusieurs produits.

§ 2. — *Quantités moyennes d'urée à l'état normal.*

Les chiffres indiqués par différents auteurs varient de 20 à 40 gr. On trouve la raison de ces différences dans la variété des populations chez lesquelles on a pris les moyennes. D'après Neubauer, un homme sain élimine, en 24 heures, de 22 à 35 gr. d'urée ; d'après Vogel, 25 à 40 gr. Hepp indique, comme moyenne journalière, à Strasbourg, 28 à 33 gr. En Angleterre, on admet généralement le chiffre de 32 gr. (Garrod). Beale dit avoir souvent constaté des chiffres plus élevés.

A Paris, les auteurs admettent généralement des moyennes inférieures aux précédentes. M. Lecanu a fixé à 28 gr., l'excrétion journalière de l'urée. M. Bouchardat adopte une moyenne de 25 à 30 gr. M. Boymond en a trouvé de 20 à 28 gr., M. Rabuteau, de 20 à 25 gr.

Dans l'urine d'un homme en santé, du poids de 65 kilog., j'ai toujours trouvé de 20 à 23 gr. d'urée par jour.

En 1 heure, l'élimination moyenne est de 1 gr. à
1 gr. 66. 1 kilog. du corps produit en 24 heures de
0 gr. 37 à 0 gr. 60 d'urée; en 1 heure, de 0,015 à
0,035 (Neubaüer et Vogel). Beigel a trouvé 0 gr. 35
par kilog.

§ 3. — *Variations physiologiques de l'urée.*

De toutes les influences normales qui peuvent modifier l'excrétion urinaire, l'*alimentation* est la plus
importante. C'est à elle qu'il faut attribuer les différences que présentent la plupart des analyses. Durant
l'abstinence, les urines de tous les animaux offrent
des caractères semblables, parce qu'ils ne vivent
alors que de leur propre substance; dans ces conditions, la composition du liquide urinaire peut servir
de type et de mesure pour apprécier toutes les
influences auxquelles elle est soumise (Cl. Bernard).

De ce que l'albumine des aliments augmente l'urée,
il ne faut pas conclure avec certains physiologistes
qu'elle se brûle dans le sang; elle détermine une
rénovation plus rapide des tissus et en fait temporai-
rement partie avant d'être brûlée et de s'éliminer. Le
pouvoir oxydant n'appartient qu'aux tissus vivants;
les combustions ont leur siége dans tous les organes,
dans les cellules elles-mêmes et non dans les liquides
de la circulation capillaire (Cl. Bernard).

La quantité d'urée excrétée correspond à peu près à
la totalité des matières azotées désassimilées. L'azote
des aliments se retrouve dans les urines (17,8 sur
24 gr.); une minime partie s'élimine directement par

les garde-robes (2 gr. 80), ou indirectement par les poils, les ongles et l'épiderme (4 gr. 10) (Barral).

Lehmann et Franque ont démontré que l'urée variait suivant le genre et la richesse de l'alimentation :

Régime non azoté.......	15 gr. 40 d'urée..	
— végétal..........	22 gr. 48	—
— mixte.............	32 gr. 49	—
— animal...........	53 gr. 19	— (Lehmann.)

La quantité d'urée, éliminée par un animal nourri de viande, est à celle de ce même animal nourri de végétaux, comme 6 est à 1. Avec une alimentation mixte, la proportion est de 4 à 1. (Woehler, Frerichs).

En Angleterre où la nourriture est très-azotée, on cite des chiffres d'urée au-dessus de 100 gr. M. Bouchardat en a trouvé 53 gr, chez un vieillard qui consommait chaque jour 2 ou 3 litres de bouillon préparé avec plusieurs kilog. de viande de bœuf.

On observe une démonstration naturelle de ces faits chez les herbivores et les carnivores. Les premiers excrètent peu d'urée et beaucoup d'acide hippurique. Les proportions deviennent inverses, si l'on soumet ces animaux à un régime azoté. Chez les grands carnivores (lion, tigre, etc.), Hieronymi a trouve l'urée dans la proportion énorme de 130 pour 1,000 d'urine.

En dehors de l'alimentation, l'urée peut augmenter considérablement, aux dépens de la substance propre des tissus, sous l'influence du *travail*. D'après Hammond,

un homme au repos excrète.......	33 gr. d'urée	
— en travaillant...........	47 gr.	—
— avec un travail exagéré..	59 gr.	—

Le travail intellectuel donne lieu à une augmentation d'urée. La relation qui existe entre l'activité cérébrale et la composition des urines a été mise hors de doute par les recherches de Hugo Schiff, Noyes et Byasson.

La production de l'urée n'est pas la même à tous les *moments de la journée ;* celle du jour est à celle de la nuit comme 3 est à 2. Vogel a trouvé que l'excrétion, dans une heure, était de 1 gr. 58, après-midi, de 1,7, le matin, et de 1,2 la nuit. La différence entre les maxima et les minima, chez le même individu, a pu être de 3 gr. 41 à 1 gr. 05 dans une heure.

Les moyennes d'urée observées sous des *climats* différents augmentent avec la latitude, c'est-à-dire avec la richesse de l'alimentation, l'activité physique, l'énergie plus grande des fonctions respiratoires et digestives, que l'on observe dans les pays froids. Chez des hommes arrivant de régions très-chaudes (Brésil, Java), M. Bouchardat a constaté que la proportion d'urée, rendue en 24 heures, n'excédait pas 15 gr. et descendait quelquefois à 12 gr.; mais elle s'élevait après quatre ou six mois de séjour à Paris.

L'urée augmente encore avec le *poids* du corps. Cette influence ne doit pas être oubliée dans les observations pathologiques. Toutes les autres conditions étant égales, celle-ci peut déterminer une différence de 10 grammes d'urée et plus, entre les moyennes de deux individus. Nous avons vu, en effet, qu'à un kilog. de corps correspond une quantité d'urée égale à 0 gr. 35.

La composition des urines de 24 heures, varie chaque jour chez le même *individu.* Mais ces oscillations ne sont pas aussi étendues qu'on le pense : si l'individu suit un régime uniforme, elles ne dépassent pas quelques centigrammes.

L'urée est sécrétée en quantités variables, pendant des temps égaux, par des individus différents.

La quantité d'urée qu'un individu élimine par kilogramme et par vingt-quatre heures n'est pas la même aux différents *âges* de la vie. M. Lecanu donne les moyennes suivantes :

Homme adulte	28 gr.	052
Femme adulte	19 »	116
Vieillards (84 à 86 ans)	8 »	110
Enfants de 8 ans environ	13 »	471
Enfants de 4 ans environ	4 »	505

Quoique cet observateur n'ait peut-être pas tenu compte de l'inégalité de poids des individus, il est incontestable que les produits de la désassimilation doivent varier comme l'activité organique, qui est exubérante chez l'enfant, surtout au moment de la croissance, et ralentie chez le vieillard. La quantité absolue d'urée sécrétée par les enfants est plus faible que dans l'âge adulte; mais elle est plus forte relativement au poids du corps. Un kilogramme d'enfant élimine en 24 heures :

De 3 à 6 ans	1 gr. d'urée
De 8 à 11 ans	0,8 —
De 13 à 16 ans	0,4 à 0,8.

Chez un enfant de 14 ans, de faible constitution, j'ai trouvé une moyenne de 17 grammes.

Le Dr Quinquaud a observé l'augmentation graduelle de l'urée à partir de la naissance.

Le premier jour de la naissance	0,03 à 0,04 cent.
Le cinquième jour —	0,12 à 0,15 —
Le huitième jour —	0,20 à 0,28 —
Le quinzième jour —	0,30 à 0,40 —

La femme produit une quantité moyenne d'urée inférieure à celle de l'homme, mais, si l'on tient compte du genre de vie et du poids, on remarque que cette différence a été exagérée. M. Rabuteau, ayant suivi, en même temps qu'une femme de même poids que lui, un régime identique pendant plusieurs jours, a obtenu des proportions d'urée sensiblement égales.

Le pouls, la température et l'urée diminuent sous l'influence des *règles*. Ce fait déjà connu a été constaté de nouveau par ce même observataur. Il a trouvé que ces variations commencent à se manifester un ou deux jours seulement avant l'apparition des règles et disparaissent quelques jours après. On peut voir dans les observations de M. Rabuteau, que les chiffres les plus faibles pour le pouls, la température et l'urée se présentent le jour ou le lendemain du jour où les règles ont cessé, et qu'ils se relèvent lentement ; les moyennes normales ne reviennent qu'une dizaine de jours après. C'est que le molimen hémorrhagique s'établit rapidement, tandis que la reconstitution des globules, dont la perte a diminué les combustions organiques, demande plus de temps (Société de biologie, 1870).

Une femme en lactation excrète moins d'urée et plus d'acide urique qu'en temps ordinaire (Leconte).

M. Quinquaud a exposé, dans une thèse remarquable, les variations de l'urée chez la femme avant et après l'accouchement et chez les nouveau-nés.

Voici les résultats que lui ont donnés plus de 250 analyses d'urine : dans l'état de grossesse, la quantité d'urée sécrétée en vingt-quatre heures dépasse de beaucoup la moyenne physiologique ; elle varie de 30 à 38 grammes. Dans les vingt-quatre heures qui suivent l'accouchement, l'urée descend à 20 et 22 grammes. Chez les femmes qui ont eu un mouvement fébrile durant le travail elle est augmentée au point de dépasser 38 gr. — Le deuxième jour après la parturition, l'urée augmente mais ne devient guère supérieure à la normale à moins d'un mouvement fébrile. — Le troisième jour, l'urée peut dépasser 30 grammes. — Dès le quatrième jour, s'il n'existe pas de fièvre, si la femme a beaucoup de lait, la quantité d'urée peut descendre à 19 grammes en 24 heures. Chez les nourrices, la quantité d'urée est faible (20 à 22 grammes).

Influence de la pression atmosphérique. — Les recherches expérimentales de M. P. Bert sur l'action des changements de pression barométrique dans les phénomènes de la vie, l'ont conduit à penser que l'oxygène sous forte pression agit sur la nutrition en modifiant dans un sens particulier les actes physico-chimiques de la vie cellulaire. Entre autres phénomènes, la diminution des actes nutritifs consécutifs à la fixation de l'oxygène se traduit par une diminution d'acide carbonique et d'urée.

Un chien, sondé régulièrement de façon à avoir l'urée de vingt-quatre heures, et soumis à de fortes dépressions (25 centim.), durant quatre ou cinq heures, n'a rendu qu'une quantité d'urée de moitié moindre que la normale. Il faut, dit M. Bert, des changements brusques pour diminuer à ce point la dénutrition. L'habitude efface les effets de la dépression atmosphérique; à Quito, les étrangers seuls éprouvent les accidents d'une désassimilation insuffisante (Société de biologie, et C.-R. de l'Ac. des sc., 1873).

§ 4. — *Action de l'urée introduite dans l'organisme.*

Une faible partie de l'urée, introduite dans l'estomac de l'homme et des animaux, se transforme en ammoniaque (Cl. Bernard). La plus grande partie est rapidement absorbée et éliminée ; elle traverse l'économie sans se décomposer et sans déterminer des accidents, du moins à faible dose. Gallois, ayant fait prendre de l'urée à un lapin, n'en a retrouvé que 12 grammes sur 15, et 20 grammes sur 30. La différence augmente donc plus que les doses. Il a observé, en outre, qu'elle apparaissait dans l'urine au bout d'une demi-heure, et en quantité croissante durant les 12 ou 15 premières heures. Puis, elle décroît régulièrement et disparaît au bout de 3 jours, quelle que soit la proportion ingérée.

L'urée tue un lapin à la dose de 20 grammes, après des phénomènes d'excitation qui aboutissent aux convulsions et au tétanos (Gallois). On n'a pas trouvé de carbonate d'ammoniaque dans l'air expiré par ces animaux ni dans leur sang (Société de biologie, 1857).

La mort, qui suit la néphrotomie ou la ligature des uretères, arrive plus rapidement si l'on fait une injection préalable d'urée.

Les expériences très précises de MM. Béhier et Liouville ont fait ressortir l'importance d'un nouveau mode d'expérimentation, négligé jusqu'à ce jour, et des circonstances pathologiques qui s'en rapprochent : si l'on injecte, durant plusieurs jours, de faibles quantités d'urée, qui, prises isolément, seraient inoffensives, on finit par produire des accidents nerveux et la mort.

Cette substance a été considérée à tort comme un diurétique. D'après une expérience faite sur lui-même, M. Rabuteau conclut que l'urée, prise à la dose de 5 grammes, ne produit pas d'effets diurétiques évidents, si ce n'est pendant les premières heures. A cette période de l'expérience, la sécrétion salivaire est augmentée, et l'analyse y découvre une notable quantité d'urée.

La pathologie nous montre, d'ailleurs, par de nombreux exemples, que les quantités d'urine et d'urée suivent des variations indépendantes. Si l'urée était un diurétique, l'urine des carnivores devrait être plus abondante que celle des herbivores : or, c'est le contraire qui semble plus réel.

L'urine acide, normale, infiltrée ou injectée dans les tissus vivants, a des propriétés nocives, variables suivant sa richesse en matières extractives ; et, comme de toutes ces matières la plus importante est l'urée, M. Muron a cherché quel était le degré de dilution nécessaire pour produire ou non la suppuration. 20 cent. cubes d'une solution à 25 ou 50 pour 100 ont été résorbés dans le tissu cellulaire d'un chien ; à 100 pour 100, ils ont produit la purulence et la gangrène. Les mêmes accidents arrivent avec une plus petite quantité de solution concentrée ; il en faut davantage si elle est faible. L'auteur pense donc que l'urée joue un rôle essentiel dans la production de ces phénomènes suppuratifs, et il en conclut qu'il faut diminuer la proportion des matériaux solides de l'urine par des boissons abondantes, chez un malade menacé d'infiltration urinaire (Soc. de biol., 1873).

CHAPITRE III.

VARIATIONS DE L'URÉE SOUS L'INFLUENCE DE QUELQUES AGENTS THÉRAPEUTIQUES

L'interprétation physiologique de certaines actions médicamenteuses trouve dans l'analyse des urines des données positives et rationnelles. Mais les recherches sont encore bien incomplètes, et, à côté de quelques résultats certains, il en est beaucoup qu'il ne faut pas accepter sans contrôle.

En comparant les conclusions données par différents expérimentateurs, on constate parfois des divergences qui s'expliquent par l'action souvent multiple des médicaments et les difficultés de l'observation expérimentale. En effet, la nutrition peut être influencée de diverses manières par un agent thérapeutique : la composition du sang, l'activité de la circulation et du système névro-musculaire, peuvent éprouver des modifications simultanées ou successives, et déterminer dans les déchets organiques des variations opposées suivant les individus, la dose du médicament et la période de son action. Certains substances renfermant plusieurs principes dont l'action physiologique n'est pas la même, il suffit d'une disposition individuelle ou du mode de préparation pour faire dominer l'un ou l'autre de ces effets dissemblables : aussi me semble-t-il impossible de faire correspondre les variations en plus ou en moins de l'urée à aucune classification thérapeutique. Je vais,

Fouilhoux.   4

en examinant quelques agents médicamenteux, à ce point de vue, étudier successivement ceux qui augmentent et ceux qui diminuent l'excrétion de l'urée. Mais nous en trouverons plusieurs qui possèdent cette double action, et d'autres dont les effets ne sont pas encore bien déterminés.

A. *Oxygène.* — L'inhalation de l'oxygène active les combustions et augmente l'urée. 25 litres de ce gaz par jour ont fait monter le chiffre de l'urée, chez une femme leucocythémique, de 19 grammes à 23 en trois jours. Nous avons déjà vu que la pression et la dépression atmosphériques modifient ses propriétés physiologiques.

Les *ferrugineux* servant à la formation des globules rouges, véhicules de l'oxygène, élèvent la température et le chiffre de l'urée. Ces deux phénomènes ne deviennent sensibles qu'après quelques jours de traitement.

Chlorures. — Le sel marin semble activer les digestions, l'hématose et les oxydations. Voit et Bischöff ont constaté ce fait dans des expériences sur des chiens. M. Rabuteau, s'étant soumis à un régime uniforme et très-peu salé durant une semaine, et au même régime très-salé la semaine suivante, a trouvé que l'urée augmentait de 4 grammes par jour sous l'influence du chlorure de sodium, et la température de 0°,5.

Un effet analogue est produit par les chlorures d'ammonium et de potassium (15 à 20 pour 100 d'urée au plus), par l'acide chlorhydrique et les hypochlo-

rites alcalins qui se transforment en chlorure de
sodium, et par les hypophosphites (20 pour 100, à la
dose de 3 grammes).

La plupart de ces recherches ont été faites par
M. Rabuteau qui a étudié l'influence d'un grand
nombre de substances sur l'excrétion de l'urée.

Les *analeptiques* ou *reconstituants* (phosphate de
chaux, huile de foie de morue, etc.) doivent, par leur
influence favorable sur la nutrition, élever le chiffre
des principes excrémentitiels : une assimilation plus
active des matières azotées s'accompagne d'une augmentation des produits désassimilés. On n'a pas étudié, il est vrai, cet effet des médications reconsti-
tuantes ; mais il s'accorde avec les autres phénomènes généraux qu'elles déterminent.

Une excitation digestive, favorable à l'absorption
alimentaire et par suite à la nutrition, est le premier
effet d'un grand nombre de substances, dont l'action
générale et définitive détermine cependant un ralentissement des actes nutritifs (alcool, arsenic, etc.) Si
l'effet général et antidéperditeur n'a pas le temps de
se manifester, grâce à leur faible dose ou à leur
prompte élimination, il ne reste que l'action commune
aux excitants digestifs.

Eucalyptol. — Le Dr Gimbert a constaté, dans
diverses applications thérapeutiques de ce médicament, qu'il détermine l'élimination d'une grande
quantité d'urée. A doses modérées, l'eucalyptus est,
en effet, un excitant des centres nerveux et de la
circulation ; mais, l'emploi prolongé de ces doses ou
leur augmentation produisant un effet opposé, on

peut présumer que l'urée suit les mêmes variations (Arch. méd. 1873).

Coca. — Cette substance est rangée par certains auteurs parmi les modérateurs de la nutrition : mais les recherches de M. Gazeau (Compte-rendu de l'Académie des sciences, 1870), qui a étudié sur lui-même ses propriétés alimentaires et son influence sur l'urée, l'ont conduit à une conclusion opposée. Il s'est condamné, pendant deux mois, à un régime identique avec ou sans coca. L'élimination de l'urée a augmenté de 11 p. 100 avec 10 grammes de feuilles de coca, et de 16 à 24 p. 100 avec 20 grammes ; il y a eu 400 grammes d'urine de plus ; les chiffres de la température, du pouls et des mouvements respiratoires se sont élevés ; le poids du corps a perdu 1 kilog. Durant la diète avec coca, l'urée s'élimine en plus grande quantité que durant la diète simple, et les forces se soutiennent plus longtemps. Cette exaltation névro-musculaire suppose un accroissement d'activité dans la métamorphose des éléments azotés, qui se traduit par une augmentation d'urée et une perte de poids. « Sous l'influence du coca, dit M. Gazeau, l'homme se mange lui-même, mais il mange. » Tous ces faits expliquent suffisamment l'accroissement des déchets organiques par une suractivité dans les phénomènes de la nutrition, sans qu'il faille l'attribuer, avec M. Sanson (réponse aux conclusions de M. Gazeau, — compte-rendu de l'Académie des sciences), à la diurèse que le coca détermine et qui débarrasserait le sang de la proportion d'urée qu'il contient normalement. Nous allons voir que cette influence est au moins douteuse.

Diurétiques. — On a dit que les diurétiques augmentaient la quantité d'urée. Le fait est, peut-être, vrai pour ceux qui ont d'autres effets physiologiques que la diurèse et qui excitent la nutrition (essence de térébenthine, cubèbe, copahu, etc.) ; mais on confond alors des propriétés indépendantes. Il existe, en effet, des substances qui diminuent l'urée, tout en produisant une diurèse abondante : l'alcool est un diurétique puissant et rapide (5 à 7 fois plus que l'eau), qui ralentit en même temps les combustions organiques et fait tomber l'urée de 20 p. 100, à la dose de 200 grammes (Rabuteau) ; la digitale élève la tension artérielle et détermine ainsi l'élimination d'une grande quantité d'eau ; mais en même temps, elle modère la circulation, et la production de l'urée se trouve ralentie. En un mot, l'excrétion de ce principe peut être augmentée ou diminuée par les diurétiques, qui ont une action générale, et non par ceux dont l'effet se borne à exciter simplement la sécrétion rénale.

L'opinion contraire n'a pas tenu compte des circonstances dans lesquelles on fait usage de ces médicaments, il s'agit ordinairement de débarrasser le sang d'un excès d'eau et de faire disparaître des hydropisies en exagérant le fonctionnement rénal.

Or, il y a souvent, dans ces cas, accumulation d'urée dans le sang et les liquides épanchés. Si l'on vient alors à faire passer dans les urines l'excès de l'eau du sang et celle des épanchements, l'émonctoire rénal éliminera momentanément plus de matériaux solides. Deux cueillerées de vin scillitique ayant déterminé une polyurie artificielle chez un homme atteint de dyspnée et de palpitations liées à un rétrecissement aortique, il y eût 2,762 grammes d'urine, 29 grammes d'urée, 12 grammes de matières extractives, 35 grammes de sels inorganiques et 27 grammes de chlorure de sodium (Kiener). L'augmentation énorme et relativement plus grande des substances minérales prouve bien qu'il y avait rétention de tous les produits excrémentitiels. C'est ce qu'on observe quelquefois dans les crises urinaires spontanées ou provoquées des maladies fébriles. Mais cette élimination ne se maintient pas longtemps au chiffre du premier jour, malgré la persistance de la polyurie.

L'*eau*, qui est un diurétique naturel, favorise, en s'éliminant rapidement, la sortie des matières inorganiques ; mais elle n'a aucune influence sur la production de l'urée, et par suite sur son augmentation. M. Rabuteau l'a démontré par de nombreuses analyses, et M. Roux est arrivé aux mêmes résultats (1). J'ai constaté aussi que l'excrétion de l'urée est indépendante de la quantité d'eau ingérée : l'absoption d'un litre de ce liquide n'a déterminé aucun changement dans la composition des urines.

L'eau facilite, sans doute, l'action dépurative du rein, puisque, dans l'anurie hystérique ou cholérique, l'urée est obligée de prendre une voie anormale d'élimination, malgré l'intégrité du tissu rénal. Mais, en dehors de ces cas extrêmes, l'eau des urines est en suffisante quantité pour dissoudre et entraîner une substance aussi soluble que l'urée, et l'ingestion même copieuse d'un liquide dissolvant ne doit pas augmenter l'excrétion de ce principe, à moins qu'elle n'active sa production. C'est ce que prétendent un grand nombre d'auteurs. Becquerel, Beale, Golding-

(1) Communication orale.

Bird, Herpin, etc., affirment que l'eau n'est pas seulement un diurétique naturel, mais qu'elle active aussi la désagrégation des tissus et entraîne avec elle une plus grande quantité de produits excrémentitiels. Kien a vu la différence s'élever de 66 grammes à 78 grammes.

Ce rôle est vrai dans certaines circonstances et pour quelques principes constituants de l'urine, moins solubles que l'urée (acide urique), ou introduits en excès par l'alimentation (chlorures, carbonates alcalins, etc). Du reste, il est simple et facile à comprendre, et c'est peut-être pour cela qu'il a été supposé avant d'avoir été observé. Mais comment un liquide, qui passe aussi rapidement que l'eau des voies digestives dans les voies urinaires, peut-il avoir une si grande influence sur les phénomènes lents et réguliers de la nutrition ? Des expériences plus récentes et plus précises ont montré, au contraire, que l'eau ingérée ne modifie pas la quantité d'urée éliminée en vingt-quatre heures ; ce qui a pu faire conclure autrement les auteurs précités, c'est le mode d'expérimentation ; on a déterminé la quantité d'urée éliminée en un court espace de temps sous l'influence de boissons abondantes. Il est certain qu'à la fin de l'expérience la proportion de produits excrémentitiels contenus dans le sang a diminué ; mais la production n'ayant pas varié, le total des 24 heures n'a pas augmenté.

B. La thérapeutique a quelquefois recours à des agents physiques dont l'influence varie avec le mode d'application. Je veux parler de l'électricité et de l'hydrothérapie.

Électricité. — MM. Legros et Onimus ont étudié les

variations de l'urine et de l'urée sous l'influence des courants interrompus ou continus. Les premiers diminuent la quantité de l'urine et celle de l'urée. Un courant continu centrifuge fait baisser d'environ 2 grammes le chiffre de l'urée et augmente l'excrétion urinaire; le courant ascendant détermine dans le même temps un effet inverse et de même intensité. Les variations en plus ou en moins sont proportionnelles à la durée de la galvanisation. Ces expérimentateurs ont observé, dans d'autres cas, l'heureuse influence de l'électricité et surtout du courant ascendant sur la nutrition et le développement : ils pensent, d'après ce qui se passe dans l'endosmomètre, que ces phénomènes ont pour cause l'action des courants sur l'endosmose et l'exosmose. (*Société de biologie*, 1869).

Il est bien plus probable que ces faits ne sont pas d'un ordre purement physique, et que la nutrition est modifiée par l'intermédiaire du système nerveux (1). Cette interprétation est justifiée par les recherches de M. C. Peyrani sur les changements que l'excitation galvanique du grand sympathique fait subir à l'excrétion urinaire. Voici ses conclusions. (Compte rendu de l'Académie des sciences 1870).

« 1° Les quantités d'urine et d'urée s'élèvent au fur et à mesure qu'on augmente la force du courant voltaïque ;

« 2° Lorsqu'on emploie des courants galvaniques de la même intensité, le courant d'induction produit

(1) Le courant centripète en excitant le système nerveux central détermine une sorte d'état fébrile artificiel, dont les effets se prolongent après la cessation de l'électrisation.

une élévation beaucoup plus grande dans la quantité des urines et de l'urée que le courant constant ;

« 3° Si l'on coupe le sympathique, mais qu'on ne l'excite pas au moyen du galvanisme, la quantité de l'urine et de l'urée atteint un minimum ;

« 4° Cette quantité s'élève, lorsqu'on galvanise le bout périphérique du nerf coupé au cou ; mais les chiffres sont toujours beaucoup au-dessous de ceux qu'on obtient en galvanisant le sympathique qui n'a pas été préalablement coupé. »

Ces faits intéressants pour la thérapeutique et la physiologie pathologique nous rendent compte de l'emploi de l'électricité dans le traitement de la polyurie, et des quelques succès obtenus (Seydel).

Bains. — 1° Bains froids : ils ont pour but et pour effet d'activer la nutrition. La vitalité de tous les organes est surexcitée et les combustions organiques sont augmentées pour réagir contre l'impression du froid extérieur. Le bain froid empêche, en outre, les pertes occasionnées par la transpiration. Ainsi s'explique l'augmentation des matières organiques dans l'urine. Lehmann a vu le chiffre de l'urée s'élever de 20 p. 100 après les bains de siége froids.

2° Les *bains simples* à 35° ou *sulfureux* ont une action différente qui se manifeste surtout dans les variations de l'urée. Willemin et Lubanski (thèse de Strasbourg, 1869) ont observé une diminution de 39 grammes à 32 grammes. En regard de ce fait, ils ont démontré que l'acide urique augmentait de 0,1. La densité de l'urine est abaissée. Certains auteurs (Homolle, Duriau, O. Henry) ont attribué cet abaissement à l'absorption cutanée d'une grande quantité d'eau. On voit que cette différence de densité tient à la diminution des matières solides. De tous ces principes, le chlorure de sodium est celui qui diminue le plus, même après les bains de mer.

L'analyse des urines prouve donc que la constitution peut être modifiée par l'hydrothérapie, qu'elle que soit l'eau employée, et qu'en dehors d'une excitation générale et locale produite par la température ou la pression du liquide, il ne faut pas chercher une autre mode d'action des bains minéralisés ou non. L'absorption cutanée est au moins douteuse, ainsi que l'a démontré le Dr Amagat dans une thèse remarquable (Paris, 1873).

Saignée. — La déglobulisation du sang et l'abaissement de la tension artérielle, consécutifs à la saignée, pourraient faire supposer qu'elle ralentit les combustions et diminue l'élimination excrémentitielle. Mais le Dr Bauër a démontré, par des expériences rigoureuses faites sur des chiens, que la saignée active la dénutrition des substances protéiques. La pression intravasculaire étant diminuée, les liquides des parenchymes acquièrent une pression supérieure à celle du liquide contenu dans les vaisseaux et sont ainsi attirés dans le torrent circulatoire. Il résulte de ces observations que la quantité d'urine excrétée, son poids spécifique et la quantité d'urée augmentent, et que l'augmentation persiste plusieurs jours. L'auteur explique cette dénutrition exagérée par la rupture de l'harmonie qui doit exister entre les organes et certaines conditions du liquide sanguin : cet équilibre étant brusquement détruit, une plus grande partie des éléments des tissus se dégage de la combinaison organique. (*Revue des sciences médicales*, 1873).

Une autre effet de la saignée, plus facile à expliquer par la perte d'une certaine quantité d'hémoglobine et par une moins grande absoption d'oxygène, c'est la diminution de l'acide carbonique exhalé, c'est-à-dire de la combustion des éléments hydrocarbonés. On comprend ainsi l'utilité de la saignée dans la médication antiphlogistique; elle peut bien augmenter la désassimilation des matières azotées par une action presque mécanique; mais ce ne sont pas les éléments les plus importants de la combustion fébrile.

C. Les médicaments, qui ont pour effet de diminuer la somme des déchets organiques, sont généralement désignés sous la dénomination vague d'*agents d'épargne* ou *antidéperditeurs*. Ce sont des substances qui, fournissant par elles-mêmes peu de chose à la nutrition, ont la propriété de la soutenir dans les cas où la désassimilation est exagérée et l'assimilation insuffisante. Tels sont l'alcool, l'arsenic, la valériane, etc. Certains auteurs y comprennent le *coca*; mais nous avons vu que cette substance est plutôt un déperditeur, un excitant des métamorphoses organiques qui engendrent la chaleur et la force, qu'un agent d'épargne; elle fait supporter la fatigue et la faim, mais aux dépens de nos tissus, puisque le corps perd de son poids. Il en est autrement des véritables antidéperditeurs : ce mot suppose une plus grand stabilité donnée aux tissus, un ralentissement de l'usure organique.

Un certain nombre de médicaments modèrent le mouvement nutritif, en excerçant une action chimique inconnue sur la composition des humeurs et des tissus (altérants); quelques autres ralentissent d'abord la respiration et la circulation, et, par suite, l'hématose et les échanges organiques (digitale, etc). Citons, enfin, de récentes recherches sur l'action des alcaloïdes, en présence des matières albuminoïdes, qui existent à l'état liquide dans le protoplasma et les différents tissus de l'organisme (Rossbach). Cette action est un peu modifiée par la nature des substances employées. L'auteur conclut de ses expériences que les alcaloïdes agissent sur l'hémoglobine, en augmentant son affinité pour l'oxygène, qu'elle cède par là même moins facilement aux matières oxydables des tissus. (Tiré de la *Revue des sc. méd.*, 1873.)

Quelle que soit la valeur de ces faits et de ces interprétations encore obscures, la clinique possède heureusement des données plus certaines, sinon plus rationnelles, que la chimie physiologique sur l'indication des médicaments d'épargne.

Café et thé. — Nous avons déjà vu que certaines substances pouvaient modifier la nutrition par des actions simultanées ou successives sur le système nerveux et sur les fonctions digestives, circulatoires et respiratoires; et que l'un ou l'autre de ces effets multiples devenait prédominant suivant les individus, les doses et le mode de préparation, au point de faire varier les résultats fournis par l'examen des urines. Ainsi s'explique, sans doute, la difficulté d'observer nettement l'influence du café et du thé.

Qu'une personne, habituée à prendre du café après ses repas, interrompe brusquement cette habitude, la digestion souffrira de l'absence de cet auxiliaire obligé et pendant quelques jours l'urée pourra diminuer.

C'est ce que j'ai observé sur moi-même. Voici le résultat de mes analyses : durant les trois jours qui ont précédé l'expérience, la moyenne de l'urée était de 22 gr. 50 ; le jour où j'ai suspendu l'usage du café, elle est descendue à 19 gr. 63 ; au bout de trois ou quatre jours, elle est revenu au premier chiffre. La quantité d'urine ne m'a pas paru influencée par le café. Je suivais pendant l'expérience un régime uniforme. Ne faut-il pas attribuer ces variations à la suppression de cet adjuvant digestif ?

M. Rabuteau cite des expériences dans lesquelles 30 centig. de caféine diminuèrent l'urée de 26 pour 100, et une infusion de 60 gr. de café torréfié de 20 pour 100. Le café vert, de même que la caféine n'a pas produit d'effets diurétiques, et l'urée a diminué de 14,11 pour 100, sous l'influence de la quantité minime de 15 gr. ; il semble donc plus actif que le café torréfié, peut-être parce qu'il ne l'a pas été et qu'il contient plus de caféine. Cette opération développe, en effet, une huile essentielle, la caféone, dont les propriétés excitantes sur le système nerveux et la circulation peuvent dominer ou compenser celles de la caféine.

M. E. Roux a présenté, en 1873, à l'Académie des sciences, une note relative à l'influence du café et du thé sur l'excrétion de l'urée. Les conditions de l'expérience ont été aussi rigoureuses que possible. Durant 5 mois, il a suivi un régime identique. La moyenne de l'urée a été de 33 gr. L'auteur ne dit pas à quelle dose il prenait le café et le thé ; mais, d'après une communication orale, je sais que la quantité était de 50 gr. de café torréfié en deux doses. Cette dernière substance éleva le chiffre de l'urée de 36 gr. à 41 gr. ; le thé de 33 gr. à 37 gr. « L'augmentation fut passagère. En continuant l'ingestion de ces substances, l'urée revient peu à peu au chiffre normal, jamais au-dessous. » M. Rabuteau conclut aussi des résultats opposés, auxquels il est arrivé, que les effets de la caféine ne s'accumulent pas dans l'économie.

Cette augmentation d'urée est attribuée par M. Lépine (*Gazette médicale*, 1873), « non à des combustions plus actives, mais à un lavage plus complet des tissus, causé probablement par une action du café sur la circulation. L'accroissement parallèle du chlorure de sodium, observé par M. Roux, vient à l'appui de cette manière de voir. » D'autres auteurs avaient obtenu, les mêmes résultats (E. Smith, etc.).

Suivant Bœcker, l'usage du thé réduit de 2[5, la perte de 12 gr. qu'une alimentation insuffisante ferait subir au poids du corps en 24 heures, et l'urée serait diminuée de 1 gr. Ces chiffres paraissent un peu faibles pour être bien discernés au milieu des oscillations physiologiques.

Dans une expérience, faite sur moi-même, j'ai obtenu les chiffres suivants. J'avais suspendu l'usage du café depuis 15 jours.

Volume des urines de vingt-quatre heures durant trois jours (sans café) :

1490	1320	1055

Quantité d'urée :

20 gr. 78	19 gr. 40	20 gr. 88.

Du 25 novembre, à midi, jusqu'au lendemain à la même heure, j'ai pris, à intervalles égaux, 4 tasses d'une infusion concentrée de café torréfié. Le volume des urines a été de 1720 c. c., et la quantité d'urée de 20 gr. 64. Elle n'a donc pas été modifiée, malgré la diurèse.

Une autre expérience dont le sujet était un enfant

de 14 ans, m'a donné aussi des résultats négatifs.
Après avoir oscillé durant plusieurs jours entre 17 gr.
et 18 gr., la quantité d'urée s'est maintenue à 17 gr. 20,
le jour où j'ai fait prendre deux tasses d'infusion de
café torréfié.

Squarey a constaté également que le café aux doses
de 3[4 d'once à 6 onces, n'a pas d'influence marquée
sur l'excrétion de l'urée.

S'il est permis de tirer une conclusion de ces expériences peu nombreuses, le café ne me paraît pas avoir
sur la nutrition l'influence qu'on lui attribue. La diver-
sité des résultats obtenus prouve du moins que la
question est loin d'être résolue, et qu'il faut peut-être
distinguer les effets de la caféine de ceux du principe
aromatique, effets variables suivant le degré de torré-
faction et la qualité du café, la température du liquide, l'état de vacuité ou de plénitude de l'estomac,
l'âge, le tempérament et les dispositions individuelles.
Dans les expériences de M. Roux, l'action digestive et
excitante du café a sans doute prédominé, dans celles
de M. Rabuteau, il semble bien démontré que la caféine
ralentit la dénutrition.

Digitale. — Le ralentissement du pouls, de la température et de la respiration, déterminé par cette substance s'accompagne d'une modification semblable
dans les phénomènes chimiques de la nutrition. La
diminution de l'urée est bien plus prononcée avec la
digitaline pure cristallisée, qu'avec la poudre de digitale ou la digitaline de Homolle et Quevenne. Tandis
que 40 centig. de digitale en poudre, administrés
chaque jour durant une semaine, font descendre
l'urée de 21 gr. à 17 gr. seulement, la digitaline cris-

tallisée l'abaisse le septième jour (aux doses de 1[5 et 1[3 de milligr. par jour), à 14 gr. 50. On obtient| aussi avec ce produit une plus grande régularité dans les variations de l'urée et dans les autres effets physiologiques. Son influence se fait sentir d'une manière lente, graduelle et plus marquée le lendemain du jour où le médicament a été supprimé qu'au début de l'expérience (Megevaud et Rabuteau). Cette action prolongée de la digitale trouve son indication dans les fièvres à longue échéance, surtout lorsqu'il y a une température trop élevée et une dénutrition trop rapide à combattre.

Sulfate de quinine. — Ranke a constaté une diminution de l'acide urique, et il est probable qu'il doit en être de même de l'urée. Mais cet effet n'a pas été observé à la dose de 1 à 2 gr., ou du moins aussitôt après l'administration du médicament. Tandis que le sulfate de quinine ralentit assez rapidement la calorification au point de faire disparaître la manifestation thermique des accès fébriles, l'urée est encore augmentée à l'heure où l'accès coupé devait avoir lieu. La diminution arrive cependant, mais ce n'est que deux ou trois jours plus tard. La clinique savait déjà que ce médicament exerce sur l'économie une action durable, et la preuve en est dans la diminution tardive des déchets organiques.

Bromure de potassium. — M. Rabuteau, ayant pris durant une période de dix jours, 1 gr. de bromure par jour, trouva que la moyenne de l'urée était descendue de 22 gr. 25 à 19 gr. 52 ; au bout de trois ou quatre semaines elle remonta à 22 gr. (Soc. de biol., 1869).

Cette action lente et prolongée explique l'emploi et l'utilité de ce médicament dans l'azoturie des diabétiques.

Opium. — L'opium présente cette même indication, et ses effets sont encore plus prononcés (Lécorché).

Valériane. — Dans le diabète insipide, cette substance semble plutôt agir sur l'azoturie que sur la polyurie. Celle-ci n'est diminuée que lorsque l'urée est tombée au-dessous de le normale. La glycosurie, sans azoturie, n'est pas modifiée; mais, comme la consomption diabétique a pour cause principale les pertes de l'organisme en matière azotée, la valériane peut retarder l'état consomptif ou prolonger le diabète gras. (M. Bouchard, Soc. de biol., 1872). Ce même auteur, a vu descendre la quantité d'urine de 16 litres à 8 litres et l'urée de 34 gr. 5 à 12 gr. Il donne la valériane à doses fractionnées et arrive de 8 gr. à 30 gr. en 24 heures.

Alcool. — Quel que soit le mécanisme de son action, qu'il empêche l'oxygénation des globules rouges ou qu'il se substitue comme combustible aux molécules des organes, un des effets les plus certains est d'entraver les combustions organiques, de ralentir le mouvement nutritif et d'abaisser la température. Bocker a constaté une diminution de l'urée, de 18 à 13 gr. et de l'acide carbonique. Kien, ayant pris des liqueurs représentant 180 grammes d'alcool absolu, a vu baisser subitement les matières solides de ses urines, de 21 grammes ; la diminution a porté surtout sur l'u rée, qui est descendue de 37 à 22 grammes. Sous l'influence de 200 grammes d'eau-de-vie, M. Rabuteau a observé une abondante diurèse avec diminution de l'urée dans la proportion de 25 p. 0[0. L'alcool est donc un médicament d'épargne, capable d'entraver la dénutrition et d'arrêter les progrès de la consomption fébrile. M. le professeur Béhier en a depuis longtemps donné la démonstration clinique.

Iodure de potassium. — M. Rabuteau attribue aux iodiques une action modératrice sur le mouvement de désassimilation. Avec 1 gramme d'iodure pendant 4 jours, il a obtenu une énorme diminution d'urée (40 p. 0[0). L'action du médicament se continua au-delà de cette période, et la moyenne d'urée, notée avant l'expérience, ne reparut que 15 jours plus tard.

Comment concilier ce fait avec des observations cliniques dignes de toute confiance ? Dans l'azoturie par exemple, l'iodure de potassium aggrave les pertes en matière azotée, tandis que d'autres agents d'épargne sont d'une grande utilité. La différence de ces effets peut tenir à la différence des doses, mais si des recherches ultérieures prouvaient qu'à toute dose, l'iodure de potassium produit ces résultats opposés, on serait forcé d'admettre que, dans les conditions morbides de l'azoturie, ce médicament n'agit pas de même que chez l'homme sain.

Arsenic. — De tous les modérateurs de la nutrition, l'arsenic est un de ceux dont l'action d'épargne est le plus prononcée. Sous son influence, la circulation et la respiration se ralentissent, la température s'abaisse, les globules sanguins sont directement altérés : d'où résulte une diminution de l'hématose, des échanges organiques et des produits excrémentitiels. Schmith, et Schutzwaage ont trouvé que l'urée et l'acide carbonique pouvaient baisser de 20 à 40 p. 0/0. Chez un chien, qui avait pris 5 cent. d'acide arsénieux deux jours de suite, Rabuteau a vu cette diminution atteindre 60 p. 0/0. L'arsénic arrête donc la consommation des tissus, et c'est pour cela que les arsenicophages augmentent de poids. D'après quelques rares observations, ce serait un des médicaments les plus utiles aux azoturiques.

Il arrive quelquefois que l'urée augmente au début de la médication arsénicale. Ces deux variations opposées de l'urée correspondent à deux périodes différentes de l'action physiologique de l'arsenic. On sait que les faibles doses rendent les digestions plus faciles et produisent une légère excitation du pouls et de la température. Il faut souvent plusieurs jours à ces mêmes doses pour amener une perturbation des métamorphoses organiques. J'ai pu observer ce premier effet de l'arsenic chez un homme qui prenait des granules à dose croissante. L'augmentation de l'urée fut très-passagère.

Quantité d'urine ..	2,000	1,050	1,650	1,600	1,500
— d'urée....	16 gr.	23,79	19,80	23,36	19 gr.
	(sans arsenic)	(2 granules)	(3 gran.)	(4 gran.)	(5 gran.)

Quelques jours après, l'urée était redescendue à 16 gr.

Mercuriaux. — Les propriétés physiologiques du mercure, et les altérations que son emploi abusif fait éprouver à l'organisme, permettent de supposer que la nutrition est profondément troublée et ralentie par ce médicament. A défaut d'expérience directe, il y a des faits pathologiques qui le prouvent. M. Bouchard a constaté une diminution de l'urée dans une intoxication mercurielle, et il rapproche de ce cas d'hydrargirisme, les autres empoisonnements métalliques, dans lesquels l'on trouve l'urée diminuée.

Alcalins. — Les bicarbonates de potasse et de soude déterminent une diminution assez notable de l'urée (20 p. 0/0, à la dose de 5 grammes durant cinq jours). MM. Constant et Rabuteau, qui ont fait cette expérience, pensent que la théorie purement chimique, sur laquelle est fondée le traitement du diabète par les alcalins, est complètement en défaut et qu'elle a donné lieu à une grave erreur thérapeutique. Quoi qu'il en soit de la théorie, si cette médication a un inconvénient, ce n'est pas celui de diminuer les pertes de matière azotée, qui sont, au contraire, un des plus grands dangers de cette maladie.

Chlorate de potasse. — Ce sel exerce une action sédative générale, dont le principal phénomène consiste en un ralentissement de la circulation (Isambert, Socquet, Rabuteau).

J'ai observé aussi une notable diminution de l'urée. La veille de l'expérience, il y avait 1830 c c. d'urine et 24 gr. 62 d'urée ; 5 gr. de chlorate de potasse la firent descendre à 18 gr. 81 en 24 heures, le volume des urines restant le même. Il y eut cependant un peu de polyurie durant les premières heures. Le lendemain et le surlendemain, la quantité d'urée remonta à 22 gr. 60 ; le troisième jour, à 24 gr. 32.

CHAPITRE IV.

VARIATIONS PATHOLOGIQUES DE L'URÉE.

§ 1. *Notions générales.*

Les oscillations de la quantité d'urée, éliminée en vingt-quatre heures, ont des rapports intimes avec la température et la marche des maladies fébriles, et elles constituent, aux différentes périodes de quelques affections chroniques, un signe important de diagnostic, de pronostic et de traitement. Quoiqu'elle ne soit pas le seul déchet organique, son importance et la facilité de son dosage nous expliquent pourquoi on s'est souvent contenté de cette notion pour mesurer l'activité des mutations organiques. On sait, d'ailleurs, que les produits similaires suivent ordinairement des variations analogues. Mais il ne faut pas généraliser ce mode d'évaluation, car il existe parfois un rapport inverse entre la quantité d'urée et celle des matières extractives. L'accumulation de celles-ci dans l'économie n'est pas étrangère à la production de certains phénomènes morbides, et tandis que la proportion d'urée peut atteindre un chiffre élevé dans le sang, sans nuire à l'organisme, on voit souvent les formes les plus graves des pyrexies s'accompagner, à titre de cause ou d'effet, d'une augmentation considérable des autres principes azotés. De ce fait important, dont les exemples se multiplient avec les recherches, résulte la nécessité de faire parfois l'analyse comparative du sang et des urines; souvent cette comparaison peut seule donner la signification des résultats obtenus. C'est le seul moyen dans certains cas, de

savoir si l'augmentation d'urée tient à une suractivité
de la dénutrition ou bien à une rétention brusquement interrompue; et si la diminution a pour cause
la rétention ou bien le relentissement des métamorphoses organiques.

Pour se rendre un compte exact de tous les résultats
que présente l'examen clinique des urines, il faut mettre en regard de l'observation pathologique les
moyennes normales admises par les auteurs les plus
autorisés. Les nombreux et savants travaux. que la
chimie physiologique doit à M. le professeur Robin,
fournissent à cet égard les notions les plus sûres. La
moyenne d'urée (23 à 30 grammes, plutôt moins que
plus) indiquée par cet auteur, me paraît bien plus
applicable à nos populations que les chiffres supé-
rieurs à 30 grammes, donnés par les auteurs étrangers
et sur lesquels on se base trop souvent.

Nous avons déjà dit que la moyenne de l'urée
variait suivant l'âge, le sexe, le tempérament, et
augmentait avec le poids de l'individu, l'alimentation,
le travail physique et intellectuel, etc. Aussi les conditions pathologiques, dans lesquelles on trouve une
quantité d'urée inférieure aux moyennes admises, semblent plus nombreuses que celles qui s'accompagnent
d'une excrétion exagérée. Cela tient à ce qu'on oublie
généralement l'influence considérable du repos, de la
diète et des autres circonstances énumérées plus haut.
Il faut une fièvre assez intense pour augmenter de 10 gr
la quantité d'urée, et il suffit, chez un homme sain,
d'un repos absolu et d'une alimentation insuffisante,
pour l'abaisser dans la même proportion, sans que
la nutrition paraisse sensiblement troublée. On

doit donc se demander ; en présence d'un individu dont le poids est connu ainsi que l'état général des fonctions, combien il doit perdre d'urée ou de matiè- res solides dans des conditions normales de santé, de nourriture et d'exercice ; et, s'il est soumis au re- pos et à une diète absolue ou relative, s'il a des diges- tions moins régulières ; il faut, avant d'apprécier l'état de la nutrition par l'élimination excrémentitielle , faire la part approximative de ces nombreuses circon- stances.

M. Bouchard insiste avec raison sur la nécessité de distinguer, au point de vue pathologique, les urines de l'alimentation de celles de la désassimilation (cli- nique de la Charité, leçons sur les urines, 1873), les premières pouvant devenir anormales par les varia- tions du régime, par les troubles digestifs et par suite de certains troubles encore mal définis de la nutrition générale, dans lesquels et en dehors de toute condi- tion irrégulière de régime ou de digestion, les urines charrient des quantités énormes de matières solides, ou sont, au contraire, très-pauvres en principes fixes. Les fébricitants sont presque toujours soumis à l'ab- stinence, et les principes constituants de leurs urines proviennent en grande partie de la désassimilation. Mais l'influence éloignée de l'alimentation antérieure à la fièvre doit persister encore ; car, dans les ex périences sur les animaux soumis à une diète pro- longée, la diminution des matières fixes éliminées ne devient proportionnelle à celle du poids que longtemps après le début (Bouchard). « Le phénomène le plus remarquable de la sécrétion urinaire dans l'inanition, dit M. Sée, est la diminution de l'urée. L'autophagie, très-manifeste, le premier jour, donne encore lieu à une quantité d'urée assez marquée...... mais, dès le surlendemain, chez un chien soumis à l'expérience, il ne s'élimine plus que 8 gr. d'urée, le sixième jour 4 gr. et moins de 1 gr. le huitième jour. » Pour résoudre toutes les difficultés cliniques des études urologiques, il faudrait donc faire entrer dans la solution du problème la moyenne de toutes les influences qui peuvent le compliquer.

§ 2. *Rapports de la quantité d'urée, avec les caractères physiques de l'urée.*

Couleur. — Il existe peut-être des relations entre l'urée et certaines matières colorantes de l'urine; mais la nature, l'origine et la signification de ces nombreuses substances sont si obscures et d'une étude si difficile, qu'on n'a pas encore établi leurs rapports avec les autres produits de la dénutrition. Dans une affection du foie, dont l'observation est rapportée plus loin, on voit le chiffre de l'urée s'élever assez brusquement lorsque la couleur de l'urine devient plus claire. Ce principe colorant était surtout mis en évidence par l'acide nitrique qui déterminait une coloration noire plus ou moins foncée. C'est un caractère que M. Hirne a souvent constaté dans les urines de la cirrhose du foie. Il coïncidait quelquefois avec une grande limpidité du liquide et une réaction fortement acide.

L'urine est d'autant plus riche en urée, que sa couleur est plus éclatante. Cette relation est très-manifeste dans les urines des différentes heures de la jour-

née, à moins que la coloration ne soit accidentellement
produite par une substance alimentaire ou médica-
menteuse (Gubler). Celles de la fièvre renferment
ordinairement beaucoup de matières solides. Il n'existe
pas pour cela des rapports d'origine entre ces divers
principes; la concentration du liquide a pu avoir le
même effet sur l'intensité de la couleur et la proportion d'urée. Les urines abondantes et pâles du diabète
sont une exception à cette règle générale.

Odeur. — Sous l'influence de ferments particuliers
qui se développent dans l'urine plus ou moins longtemps après l'émission, et quelquefois avant (rétention, affections vésicales), l'urée se décompose en carbonate d'ammoniaque, dont l'odeur doit mettre en
garde celui qui veut faire le dosage de l'urée contre
une grande cause d'erreur. On aurait évidemment un
chiffre beaucoup trop faible, surtout avec certains procédés.

Réaction. — La même observation s'applique à
l'alcalinité des urines, quand elle a la même cause
que l'odeur ammoniacale. Si elle est due à la présence
des carbonates alcalins, elle peut coïncider avec une
diminution de l'urée; car ces sels proviennent quelquefois d'une médication alcaline ou d'un régime
végétal, deux conditions qui peuvent ralentir la
production de l'urée. La réaction alcaline peut encore faire supposer une diminution, parce qu'elle
a quelquefois pour cause des arrêts partiels dans la
métamorphose des muscles, les affaiblissements du

système nerveux, l'alimentation insuffisante, et en général les états de faiblesse, d'anémie etc. (Vogel, Rademacher). Les urines concentrées et chargées d'urée sont ordinairement très-acides.

Quantité. — Pour évaluer la proportion d'urée, d'après la quantité d'urine, il est indispensable de tenir compte en même temps de la densité et de la coloration du liquide, ainsi que des circonstances pathologiques ou hygiéniques dens lesquelles est placé l'individu. On trouve quelquefois une faible quantité d'urée dans certains cas de polyurie. L'azoturie est caractérisée, au contraire, par une abondante excrétion d'urine riche en principes azotés. Dans la période aiguë des affections fébriles, il y a souvent peu d'urine, mais elle est très-chargée de matières solides. On peut voir enfin l'eau et l'urée réduites au minimum, par suite du ralentissement de la nutrition ou d'une lésion organique qui empêche l'absorption digestive, ou la filtration rénale (cancer de l'estomac, mal de Bright). La pathologie nous montre donc, par les exemples les plus divers, que la quantité d'urine et celle de l'urée peuvent suivre des variations inverses ou semblables, en un mot, qu'elles sont ordinairement indépendantes. On dira peut-être que ces diverses affections ont détruit le rapport qui relie l'excrétion de l'eau à celle de l'urée, en entravant la production ou l'élimination. Mais ce rapport existe-t-il à l'état normal? Ne voit-on pas, au contraire, la quantité d'urine, rendue en vingt-quatre heures, soumise à de nombreuses influences qui peuvent, quand elles se trouvent de même sens, lui faire subir des oscillations étendues, tandis que ses principes constituants s'écartent à peine de son chiffre moyen? Le travail physique, par exemple, peut faire éliminer une partie de l'eau par les glandes sudoripares et augmenter la production de l'urée.

En suivant un régime uniforme, j'ai vu, durant plusieurs jours, la quantité de l'urée varier aussi peu que possible pendant que celle des urines présentait les chiffres les plus disparates :

   1900   1500   1320   900   1220   1550
Aux quantités d'urine correspondaient les quantités d'urée :
   19 gr. 64 20,75   12,50   20,80   20,70   19,35

Densité. — De tous les caractères physiques de l'urine, la densité est celui qui donne la notion la plus approximative sur la quantité de matériaux solides qu'elle renferme. Néanmoins on s'exposerait à des erreurs considérables, si l'on admettait les relations signalées par certains chimistes. Ainsi, d'après Millon, les deux derniers chiffres de la densité, exprimée par trois décimales, représenteraient assez exactement la quantité d'urée contenue dans 1,000 gr. d'urine. M. Boymond dit avoir vérifié cette relation, et il en cite quelques exemples. Assurément, rien n'empêche la coïncidence de ces chiffres; mais je l'ai très-rarement observée.

La méthode indiquée par M. Bouchardat, Haser et autres, semble plus rationnelle, puisqu'elle s'applique au total des matériaux solides, qui ont tous leur influence sur la densité. «Elle consiste à multiplier par 0,233 les trois derniers chiffres de la densité déterminée avec quatre décimales : le produit donne la quantité approximative de matières solides contenues dans 1,000 c. c. d'urine. » (Neubaüer) (1).

Si ces divers modes d'évaluation étaient aussi exacts que le prétendent leurs auteurs, on pourrait leur donner la préférence sur certains procédés de dosage bien moins approximatifs. Mais il est loin d'en être ainsi ; et ce qui le prouve, dit Beale, c'est qu'on a proposé, comme facteur du produit cherché, trois nombres très-différents. Le même auteur fait justement observer que la proportion de certaines substances doit altérer les résultats. « Un liquide, contenant 136,4 parties d'albumine pour 1,000, aurait une densité de 1030, tandis qu'un autre, ne contenant que 80 parties de chlorure de sodium pour 1,000, aurait une densité de 1064. Et cette dernière donnée, dépendant surtout de l'alimentation et jouant un rôle indirect dans les phénomènes de la désassimilation, on comprend à quelles causes d'erreur on s'expose, si l'on s'en tient au calcul pour déterminer la proportion des matériaux solides. » Il en est d'autres principes comme du sel ; leur importance n'est pas en rapport avec les variations qu'ils déterminent dans la densité. On doit donc se borner à de vagues approximations, quand on veut évaluer le chiffre de l'urine d'après celui du poids spécifique. Il est facile de voir sur des tableaux d'analyses d'urine, indiquant la densité et la somme des matières solides, combien cette méthode est inexacte. L'erreur atteint parfois 1/7.

Toutefois la connaissance de la densité peut être utile, lorsqu'il est nécessaire de savoir approximati-

____

(1) Neubaüer et Vogel, traduit de l'allemand par M. Gauthier.

vement la proportion d'urée avant d'en faire le dosage exact, pour ne pas s'exposer à recommencer l'opération, si les produits de la réaction ne sont pas en rapport avec la capacité ou le degré de précision de l'appareil (procédés de Liebig et d'Esbach).

On doit enfin se contenter de cette notion, lorsqu'on n'a pas le temps ou les moyens d'apprécier autrement la composition des urines. Faible dans les urines copieuses de l'état de santé, la densité est élevée dans les maladies fébriles et dans le diabète. Elle peut même, avec la quantité, servir au diagnostic des différentes polyuries. Durant les maladies chroniques, l'urée et la densité étant diminuées, leur augmentation simultanée est un signe favorable; il indique que la nutrition est plus active.

§ 3. *Influence de la fièvre sur l'excrétion de l'urée.*

La médecine moderne ne se borne plus à l'observation purement clinique de quelques phénomènes fébriles (accélération du pouls, augmentation de la chaleur). De nouveaux moyens d'investigation empruntés aux sciences physico-chimiques, lui ont permis de mesurer exactement l'élévation souvent latente de la température, et d'en trouver la cause la plus fréquente dans l'exagération des oxydations organiques. Le dosage des produits comburés, surtout de ceux qui s'échappent par la sécrétion rénale, est devenu ainsi un moyen d'évaluer l'intensité des combustions fébriles. Associé à la thermométrie, il lui emprunte et lui donne une valeur que n'ont pas, en clinique, leurs résultats isolés.

Telle est cependant la complexité des problèmes pathologiques, qu'il est impossible de formuler les relations de l'urée avec la température en une loi sans exceptions. On peut bien dire que le chiffre de l'urée s'élève presque toujours avec celui de la chaleur, lorsque les fonctions rénales ne sont pas entravées ; mais les matières extractives et l'acide urique augmentent dans des proportions bien plus considérables (40 à 50 gr.). La désassimilation étant activée, les oxydations semblent plus nombreuses et moins complètes. Souvent même il y a antagonisme entre la quantité d'extractif et celle de l'urée. Nous aurons l'occasion de revenir sur ce fait important. Il n'est question ici que de la fièvre en général.

Les changements de l'excrétion urinaire étant isolés de toute autre influence et nettement appréciables dans l'accès de fièvre produit par un traumatisme ou par l'intoxication paludéenne, c'est là qu'on a pu comparer les proportions pathologiques de l'urée avec les moyennes prises avant et après la période fébrile. Il résulte de nombreuses observations que, durant le paroxysme, l'urée augmente beaucoup relativement à l'apyrexie et malgré la diète (Hirtz) (1). Les hautes températures coïncident axec le maximum de l'urée, et leurs oscillations se suivent généralement, excepté vers la convalescence (Zochmann, Traube, Moos, Brattler, Chalvet, Hœpffner, etc.). Les différentes périodes des exanthèmes fébriles en sont encore un exemple. Dans certaines maladies, l'élimination, qui se fait par la sueur et les liquides pathologiques, peut rendre cette

____

(1) (Dict. de Méd. et de chir. pratiques, *fièvre*).

relation moins sensible. D'après Favre Funcke et
S. Ringer, la sueur aurait même une grande influence
sur l'excrétion de l'urée.

L'urine fébrile est généralement rare et concentrée.
Il y a une exception pour le stade de frisson ; l'urine
est alors abondante, parce que la circulation rénale
est activée et claire, parce que la décomposition mo-
léculaire ne présente pas encore de déchet proportionnel assez considérable pour en troubler la trans-
parence (Hirtz). De même que la chaleur, l'urée augmente avant que le frisson éclate.

A la suite d'un traumatisme, au début de la fièvre,
le chiffre de l'urée, peut s'élever d'un tiers et plus, et
retomber avec l'apyrexie, malgré l'alimentation. La
veille d'une opération de cancer, un malade élimine
0,0166 d'urée par kilogramme de son poids et par
heure ; le lendemain de l'opération, il élimine 0,0221
à 0,0227(1). Senator a montré par des expériences sur
des chiens que, dans la fièvre avec diète, il y a deux
ou trois fois plus d'urée que durant le jeûne ; le rapport a été de 1 à 3,2 au maximum et de 1 à 2,26 au
minimum. Néanmoins, chez les fiévreux, les fortes
moyennes admises par certains auteurs ne sont pas
toujours atteintes, parce que ces malades ne mangent
pas, n'absorbent pas et ne font pas d'exercice. Aussi,
dans ces conditions, un chiffre d'urée supérieur ou
égal à la normale doit avoir une valeur bien plus élevée qu'à l'état de santé. Cette excrétion est alors en-
tretenue par la dénutrition et soustraite en partie à
l'influence alimentaire. Les chlorures, étant encore
plus que l'urée sous la dépendance des aliments, su-

(1) H. Hirtz, Thèse de Strasbourg, 1870.

bissent une extrême réduction en raison inverse de la température. Cependant M. Quinquaud (*Essai sur le puerpérisme infectieux*, 1872) a démontré qu'au début de la fièvre traumatique simple survenant chez les nouvelles accouchées, le chlore augmente en même temps que l'urée. Il peut en être de même au début de toute fièvre, surtout si l'on fait la part du défaut d'aliments. L'importance de cette dernière influence est évidente, à l'époque de la convalescence, où l'on voit, dès le début, le chlore augmenter avec l'alimentation.

Nous avons dit qu'il ne fallait pas s'attendre à trouver toujours, dans les maladies fébriles, un rapport direct entre l'urée et la température. Les oscillations des courbes, dit Chalvet, correspondent tantôt à la succession des *crises* qui jugent, par l'élimination des déchets, les diverses phases d'une maladie, tantôt aux intermittences des fonctions de l'organisme. Le poids des produits désassimilés peut rester le même et la température subir des oscillations dont on trouve la raison dans l'état des fonctions cutanées, ou dans l'emploi dynamique de la chaleur pour l'accomplissement d'un travail chimique ou musculaire (Gavarret). « La défervescence, indiquée par le thermomètre, ne prouve pas toujours que les oxydations soient moins actives ; elle correspond au rétablissement des fonctions troublées ou supprimées. L'organisme continue à brûler avec la même intensité, mais il utilise une plus forte somme de chaleur produite... Dans l'état morbide, si bien défini par le mot adynamie, et durant lequel les oxydations et leurs déchets sont en désaccord avec l'indication thermométrique, le ralentissement des actes fonctionnels laissent en liberté la chaleur produite, qui s'accuse alors par un rayonnement plus considérable. » (Chalvet, Note sur les altérations des humeurs).

Quelle que soit la richesse de l'urine fébrile en urée, elle ne peut, à elle seule, rendre compte de l'amaigrissement considérable et rapide observé chez certains malades. Wachsmuth a vu un pneumonique perdre 16,2 p. 1,000 par 24 h. du 2ᵉ au 5ᵉ jour. Un homme sain, au 2ᵉ jour d'une diète absolue, ne perd qu'environ 12 p. 1,000 (Petenkoffer et Voit). Il faut évidemment chercher dans d'autres émonctoires et d'autres déchets la raison et la mesure de la température et de la consomption organique qui atteignent, chez les fiévreux, une si grande intensité. C'est dans ce but que Traube, Leyden, Liebermeister ont fait des recherches comparatives sur l'homme sain et malade. Durant la combustion pyrétique, les pertes pulmonaires peuvent atteindre le double de la normale. Si l'on considère que l'oxydation des matières hydrocarbonées produit 8 fois plus de chaleur que celle des matières albuminoïdes, on comprendra que les variations de l'urée et de la température puissent être indépendantes. — Un fébricitant a produit une demi-fois plus de calories qu'un homme sain dans le même espace de temps : si cette chaleur avait été fournie par la combustion de l'albumine et la production d'urée, l'excrétion de cette dernière substance aurait été 10 fois plus forte. (Darricarrère, thèse de Strasbourg, 1870).

En remontant ainsi aux sources de la chaleur animale, on les trouve si multiples et si variées que l'en-

Fouilhoux.   6

semble même des produits excrétés n'en donnerait pas toujours la mesure. Elle dépend de la nature des aliments ingérés et de l'ordre des réactions qu'ils subissent. M. Berthelot a démontré qu'une notable quantité de chaleur « peut prendre naissance dans un être vivant aux dépens de ses aliments azotés par leur hydratation avec dédoublement ou leur déshydratation avec combinaison ; les hydrates de carbone dégagent de la chaleur par leur seul dédoublement, indépendamment de toute espèce d'oxydation ; les corps gras en se dédoublant et en s'hydratant, comme cela paraît arriver sous l'influence pancréatique. » (Berthelot, Mémoire sur la chaleur animale, 1864.)

En un mot, la chimie, la physiologie et la clinique nous montrent que la concordance peut cesser entre le degré thermique et le chiffre de l'urée, et qu'une seule de ces données ne doit pas dispenser de l'autre. Les indications thermométriques sont généralement plus utiles au clinicien que l'analyse de l'urine ; mais nous verrons que, au début de certaines pyrexies, le degré de température n'a peut-être pas une valeur diagnostique aussi grande que la proportion d'urée.

Au moment de la *défervescence* des maladies fébriles, il arrive souvent un flux urinaire qui débarrasse l'économie des produits excrémentitiels accumulés ou produits en excès. Après cette crise qui n'est pas constante, l'urée redescend à un chiffre très-faible durant les premiers jours de la convalescence. Cette diminution est très-sensible lorsque la dénutrition fébrile a été considérable ; il semble que l'assimilation l'emporte sur la désassimilation. Mais les premiers aliments ne tardent pas à élever l'excrétion de l'urée. L'augmentation parallèle du chlorure de sodium prouve que ces produits ont alors une origine alimentaire et non fébrile.

§ 4. — *Variations de l'urée dans les maladies.*

Je vais, en parcourant divers groupes pathologiques, indiquer les principales maladies dans lesquelles on observe une augmentation ou une diminution d'urée.

Fièvre intermittente. — L'extractif et l'urée augmentent dans le sang et et les urines, avant que le frisson éclate. La maladie semble donc constituée par un trouble de la nutrition antérieur aux divers phénomènes de l'accès. Le frisson n'apparaît que lorsque l'accumulation progressive de l'urée et des matières extractives est arrivée à un certain degré, et aussitôt après, tous les émonctoires sont mis en jeu pour l'élimination de ces déchets (Chalvet). Le maximum de l'urée a lieu entre le stade de frisson et celui de la chaleur; elle diminue, à partir de ce moment, et tombe à la moitié avec la défervescence. Dans certains cas, le maximum s'est produit avant l'accès et le minimum après. Les matières extractives éprouvent ordinairement des variations simultanées et inverses. Il y a aussi antagonisme entre les chiffres de l'urée et ceux du chlorure de sodium, aux différentes périodes de l'accès. On apprécie nettement l'influence de cette fièvre sur l'excrétion urinaire, en comparant l'urine des jours fébriles à celle de l'intervalle apyrétique; la différence peut être d'un tiers (Traube, Jochmann, Moos, S. Ringer, Hirtz. etc.) J'ai observé un cas où elle était encore plus considérable. Entre les chiffres de 23 gr. 80, 20 gr. et 24 gr. 78 d'urée, correspondant aux jours fébriles, je trouve pour l'intervalle apyrétique 16 gr. 70, — 10 gr 42, et 19 gr. 75.

Un autre effet de l'intoxication paludéenne, plus lent à se produire, c'est l'anémie et la cachexie. La constitution du sang et des organes hématopoïétiques est altérée; les échanges nutritifs diminuent et par suite les déchets organiques.

OBSERVATION I.

Homme âgé de 46 ans ; constitution assez robuste. Après un an de séjour en Turquie, il a eu quatre ou cinq accès de fièvre intermittente, guéris par le sulfate de quinine. Mais il est resté dans un état de faiblesse qui l'a forcé de renoncer à son travail et de rentrer en France. Il est survenu, en outre, de l'œdème aux membres inférieurs. Aujourd'hui 10 décembre 1873, deux mois après le début de la maladie, cet œdème a disparu, l'appétit revient peu à peu; le teint est pâle et anémique. Traitement : 2 litres de lait; chiendent nitré; perchlorure de fer, 4 gr.; vin de quinquina.

Une première analyse des urines a donné 13 gr. d'urée pour 1,550 gr.

11 décembre. Quantité d'urine, 3,800 gr. ; urée, 16 gr. 15; pas d'albumine.

Le 13. Quantité d'urine, 5,000 gr. ; urée, 23 gr.

On voit qu'avant le traitement, l'urée était considérablement diminuée. Son augmentation rapide a pour cause la diurèse et surtout les progrès de la santé générale.

Ces effets du miasme paludéen sur l'organisme longtemps soumis à son influence peuvent coïncider avec les accès fébriles. L'urine des jours pyrétiques renferme alors une proportion d'urée qui peut être en désaccord avec l'intensité de la température ; mais elle est presque toujours supérieure à celle des jours intercalaires. En voici un exemple :

Obs. II. — (*Hôpital Saint-Antoine, salle Saint-Lazare, service de M. Cadet de Gassicourt.*

Le nommé L..., âgé de 35 ans et de constitution assez chétive, est, depuis le 15 octobre 1873, [atteint de fièvre intermittente, amaigrissement, faiblesse, perte de l'appétit. Accès irréguliers.

3 novembre. Accès à huit heures du matin. T. 41,2, P. 90. Le malade a pris, hier, 1 gr. 50 de sulfate de quinine. Le lendemain, à la même heure, analyse des urines : volume 800, densité 1,023, urée 12 gr. 60.

Le 4. Pas d'accès. Le malade a pris, hier, 2 gr. de sulfate de quinine. Température du matin, 38,6; P. 88; T. du soir, 39,4. Urines : V. 1,250; D. 1,017; urée 8,45.

Le 5. Pas de frisson, sueurs abondantes. 2 gr. de sulfate de quinine, hier et aujourd'hui. Température du matin, 38,2; T. du soir, 39,8. 1 degré d'aliments. Urines : V. 900; D. 1,025; urée, 8 gr. 70.

Le 7. Hier, accès, pas de sulfate de quinine; aujourd'hui, purgatif; diarrhée abondante. Le malade ne mange que des bouillons. Ce matin, à dix heures, accès violent : P. 110; T. 42°. Urines : V. 750; D. 1,015; urée, 5 gr. 64.

Ce violent accès est le dernier. A partir de ce jour, on administre 2 granules de dioscoride. L'appétit et les forces reviennent rapidement.

Le 15. Urines : V. 2,400; D. 1,013; urée, 14 gr. 40.

Les urines ont toujours été peu colorées et sans dépôt.

Le jour du premier accès observé, la quantité d'urée est supérieure d'un quart à celle du lendemain, mais elle ne dépasse pas 12 à 13 gr. La différence s'efface les jours suivants ; et le 7 novembre, une abondante diarrhée fait tomber le chiffre de l'urée à 5 gr. 64 malgré le plus violent accès. On ne peut attribuer cette diminution qu'à la débilité du sujet et à l'influence du sulfate de quinine et de la diète. Ordinairement, l'action de ce médicament sur l'urée est moins sensible; elle s'adresse plutôt à la manifestation thermique. Chez un autre malade, qui présentait des accès de fièvre intermittente irréguliers et rebelles à la quinine, la guérison n'a été définitive qu'après dix jours de traitement (1 gr. 50 à 2 gr. de sulfate de quinine). L'urée est tombée brusquement de 20 gr. à 15 et 12 gr.; la température, qui avait résisté également, est revenue le même jour au degré physiologique pour ne plus le dépasser.

Accès fébriles. — On a constaté aussi une augmentation d'urée avant le frisson, un summun de chaleur et d'urée pendant le frisson et une diminution relative à partir de ce moment, dans la fièvre hectique des tuberculeux (S. Ringer), et au début des maladies fébriles (Desnos).

Les lésions des voies urinaires et des conduits biliaires, certains troubles nerveux donnent lieu quelquefois à l'ensemble des symptômes qui constituent l'accès de fièvre. La succession de tous les phénomènes est la même; mais leur apparition n'est plus aussi régulièrement périodique que dans l'intoxication paludéenne, et l'analyse des urines n'indique pas toujours les mêmes modifications de la nutrition. On trouve quelquefois un abaissement de l'urée et des autres matières organiques, au lieu d'une augmentation. Faut-il alors attribuer l'excès de température à la combustion d'autres substances thermogènes? Il est probable que l'exhalation pulmonaire donnerait souvent la raison et la mesure de la fièvre. Mais si cette analyse était encore négative, si l'on ne pouvait pas démontrer une production exagérée de calorique, on serait alors autorisé à invoquer l'influence du système

nerveux sur la répartition de la chaleur. Il existe, dit
M. Gubler, une espèce de fièvre dans laquelle la force,
mise en jeu par les combinaisons chimiques de l'organisme, évolue en partie sous forme de chaleur, sans
se fixer dans la substance musculaire ou nerveuse.

M. Hœpffner (thèse de Paris, 1872) explique de cette
manière un cas de fièvre, observé chez une femme de
45 ans, dont les accès apparaissaient principalement
vers les époques menstruelles (la malade n'étant pas
réglée). Après un frisson, survenaient des accidents
nerveux qui duraient deux ou trois jours ; la température dépassait 40° ; l'analyse des urines montrait un
abaissement de tous les éléments et surtout des matières organiques.

Dans certaines coliques hépatiques, on rencontre
une fièvre précédée de frissons et suivie de sueurs
(Monneret). M. Martineau a noté une élévation de
température de 41°, sans frisson initial. Quoique les
urines n'aient jamais été analyées, je cite ces faits
pour les rapprocher du suivant, que M. Regnard a
communiqué à la Société de biologie (1873) : chez un
malade atteint de lithiase biliaire et présentant des
accès de fièvres, la courbe de l'urée et celle de la chaleur étaient en discordance complète. Il y avait dans
l'urine fébrile une faible quantité de leucine et de
tyrosine. Les jours d'accès, la température s'élevait
à 39° et 40°,5 ; l'urée descendait à 9 gr. et même 4 gr.,
tandis qu'elle était normalement de 12 à 15 grammes.
— M. Charcot admet que ces frissons sont dus à la ré-
sorption des matières biliaires plus ou moins sep-
tiques, par suite d'éraillures des conduits biliaires
causées par la migration des calculs. On pourrait

peut-être attribuer à cette même cause la diminution de l'urée, s'il est vrai que les sels biliaires ont une influence dissolvante sur les globules du sang. Mais il ne faut pas non plus oublier l'influence des troubles digestifs : lorsqu'un calcul ou autre obstacle empêche la bile d'arriver dans l'intestin, il en résulté un déficit considérable dans l'apport nutritif, une insuffisante élaboration des aliments, d'où les effets d'une diète relative, c'est-à-dire une diminution de l'urée.

Choléra. — Au début de cette maladie, la production de l'urée est sans doute exagérée, mais l'ischurie met obstacle à son élimination. La faible quantité d'urine que l'on peut recueillir en renferme quelquefois une proportion supérieure à la normale ; et encore ce fait est loin d'être général. M. Desnos cite des cas où l'on n'a trouvé que 7 gr. 20, -- 7,35, — 8 et 9,5 d'urée par litre ; la proportion des matières extractives semblait, au contraire, augmentée. Voici, d'ailleurs, dès résultats plus précis obtenus par Chalvet :

Dans les urines d'un cholérique qui délirait :
    Urée. . . . . des traces impondérables.
    - Matières extractives. . . . 4 gr. p. 1,000
Dans le sang :
    Urée. . . . . 3,60 p. 1,000
    Matières extractives. . . 19,60 p. 1,000
Période de réaction, rétablissement de la fonction rénale :
    Urée. . . . . 28,60 p. 1,000 d'urine.
    - Matières extractives. . . 22,00   —
Il y avait 700 grammes d'urine en 24 heures.

Les produits excrémentitiels s'accumulent donc dans l'économie. C'est à leur rétention qu'il faudrait attribuer, d'après quelques auteurs, l'état typhoïde du choléra pendant l'asphyxie. Avant cette période, l'urée s'élimine, quoique imparfaitement, par des voies anormales ; les vomissements, les déjections et la sueur suppléent la fonction rénale. Aussi, les cholériques répandent quelquefois une odeur urineuse ; on a même observé, dans des cas très-rares (12 fois sur 800, d'après Drasche), une farine blanchâtre formée de graisse et d'urates, déposée sur la peau par la sueur desséchée, et d'autres fois une véritable cristallisation d'urée (Hamernick, Schottin, Grieisinger, etc.). MM. Liouville et Grippat ont rencontré un cas semblable ; il y avait sur la peau de la face et du cou une efflorescence d'aspect cristallin que l'examen chimique a reconnu pour de l'urée (Soc. de biologie, 1873).

On pourrait croire que, chez les cholériques, la surface digestive supplée encore plus efficacement l'émonctoire rénal. Il n'en est rien, ou du moins, c'est ce qui résulte de quelques analyses faites pendant la dernière épidémie (Juventin, thèse de Paris, 1874). Des quantités considérables de matières vomies renfermaient peu d'urée (0 gr. 15 au plus), les matières fécales encore moins ou pas du tout ; les urines n'en contenaient que des quantités minimes : 0 gr. 0045, — 3 gr. 48, — 6 gr., — 8 gr. C'est dans le sang qu'elle s'accumule, et ce qui le prouve d'une façon aussi frappante que l'analyse directe, c'est l'augmentation d'urée qui accompagne l'hématurie chez les cholériques : ce même observateur rapporte un cas où la proportion s'est élevée à 45 gr. ; elle est redescendue à 14 gr. à mesure que le sang a disparu des urines.

Typhus. — C'est une des maladies où la dénutrition,

est le plus rapide. Pendant le summum, Vogel a trouvé les chiffres de 40, 50 et 55 grammes d'urée. Avec la chute graduelle de la fièvre, elle arrivait à 20 grammes et se relevait pendant la convalescence. Cette diminution n'est pas toujours un signe de bon augure ; car, à l'approche de la mort, on l'a vue s'abaisser à 20, 10 et 5 grammes.

Fièvre typhoïde. — Dans l'*état typhoïde*, la désintégration des tissus étant suractivée, il en résulte une augmentation d'urée et de matières extractives, dont la rétention constitue, avec la température élevée qui accompagne les combustions interstitielles, l'imminence des accidents ataxo-adynamiques. Dè là, l'indication des médicaments capables d'abaisser la température et d'exagérer le fonctionnement rénal, lorsque les divers émonctoires ne peuvent suffire à débarrasser l'économie des substances excrémentitielles accumulées dans le sang. Ces faits, exposés dans la thèse de M. Hœpffner (1872), y sont démontrés par de nombreuses analyses faites au laboratoire de clinique de l'Hôtel-Dieu, et par des observations recueillies dans le service de M. le professeur Béhier.

Cet état morbide se rencontre dans des maladies autres que la dothiénentérie. Chalvet est un des premiers qui l'aient attribué à une intoxication par les matières extractives, qui entrent pour une grande part dans l'augmentation presque constante que présente la somme des matières organiques durant la fièvre typhoïde, et dont la courbe est parallèle à celle de la température. L'urée, au contraire, dépasse rarement la moyenne physiologique (Hirtz). C'est ce qui résulte aussi de mes observations. En étudiant les rapports de ce principe avec les produits similaires, M. Hirtz a constaté que ces derniers étaient au maximum pendant que l'urée était au minimum. Avec la défervescence, les matières extractives sont tombées à 12 gr., l'urée étant à 32 gr., tandis que, pendant l'acmé, il y avait 45 gr. d'extractif et 23 gr. d'urée. Hepp a observé ce rapport inverse dans de nombreuses analyses.

On pourrait se demander si le fait est le même dans la composition du sang que dans celle des urines, et si le rein laisse filtrer avec la même facilité ces divers principes. Chalvet, qui avait fait la même observation que les auteurs précités, pense que l'accumulation des matières extractives ne tient pas à leur production exagérée, mais bien à une diminution de l'urée, qui serait pour elles un diurétique naturel, et il explique aussi l'action favorable de l'alcool par ses effets diurétiques. Mais l'action de l'urée, introduite dans l'organisme, n'a pas confirmé cette hypothèse ; nous avons vu, en effet, qu'elle s'élimine assez rapidement, sans augmenter la masse des urines ni la somme des matériaux solides. L'hypothèse d'une production exagérée de matières extractives est bien plus admissible.

C'est au début de la fièvre typhoïde que l'urée est le plus augmentée ; elle diminue ensuite, surtout dans les formes adynamiques, et se relève vers la convalescence. D'après ce qui précède, toute évacuation abondante et brusque de l'urée, dans le cours de la période fébrile, doit être regardée comme une crise temporaire de bon augure. C'est ce qui arrive quelquefois au début de la convalescence ; il existe alors un autre signe dont la valeur est d'autant plus grande qu'il coïncide avec un flux urinaire, c'est la chute de la température. Cependant l'hypersécrétion de l'urée, à ce moment, n'est pas le cas habituel ; il y a un abaissement de toutes les matières organiques, qui porte plus constamment, il est vrai, sur les principes extractifs (Hœpffner).

Les observations qui suivent n'offrent pas une grande variété ; la plupart de ces fièvres typhoïdes ont présenté une faible intensité et suivi une marche régulière. Mais il n'est peut-être pas sans intérêt de connaître les variations de l'urée dans une maladie débarrassée des complications qui modifient si souvent son évolution.

Obs. III. — Fièvre typhoïde.

Homme âgé de 19 ans, habitant Paris depuis un an. Début de la maladie le 18 octobre 1873. Le malade a éprouvé des frissons et une violente céphalalgie. Le 20 octobre, il a été obligé de suspendre son travail. Pas d'épistaxis ; coliques et diarrhée. Il est entré à l'hôpital Saint-Antoine (salle Saint-Lazare, n° 10, service de M. Cadet de Gassicourt), le 30 octobre. Les symptômes précédents persistent ; en outre, on constate de la douleur et du gargouillement dans la fosse iliaque droite et quelques taches noires douteuses ; la langue est sèche et légèrement fuligineuse, la parole tremblotante. Anorexie complète ; soif vive. Sueurs la nuit. Peu de toux, quelques râles sibilants. Diarrhée légère. Abattement assez prononcé.

31 octobre. Insomnie. Pouls assez fort, 92.—Limonade vineuse, 2 pots ; julep diacode ; extrait de quinquina, 3 gr. ; potages ; vins de Bordeaux, un verre, et vin de Bagnols.

3 novembre. Le malade ne se plaint plus de céphalalgie ni d'aucune douleur, mais il a de l'insomnie et un peu d'agitation ; soif ardente. Les taches abdominales sont toujours rares et même douteuses. Le malade a eu cinq ou six garde-robes diarrhéiques, après avoir pris un verre d'eau de Sedlitz. Le même régime et le même traitement sont continués. P. 95, fort et régulier.

Le 4. Insomnie, nausées, diarrhée légère, soif vive ; peau sèche et brûlante ; langue moins humide. L'abattement est plus prononcé.

Le 5. Mêmes symptômes plus accentués ; coliques rares ; un peu de ballonnement du ventre ; diarrhée.

Le 6. L'insomnie persiste ; le ventre moins tendu. On n'entend presque pas de râles.

Le 7. Sécheresse de la peau. Les taches abdominales ont disparu ; pas de météorisme ; diarrhée.

Le 8. L'assoupissement est toujours prononcé. Il y a néanmoins un peu d'amélioration dans l'état général. Selles diarrhéiques.

Le 10. Même état général. La soif est moins vive ; diarrhée et coliques légères ; un peu de tympanisme abdominal.

A partir de ce jour, la maladie ne présente aucun phénomène particulier, et l'état général s'améliore graduellement. Le traitement n'a pas changé. On entretient toujours la liberté du ventre avec de l'eau de Sedlitz. Le 15 novembre, on ajoute au régime des potages, un peu de viande ; l'alimentation est graduellement augmentée, et à partir du 19, le malade prend deux ou trois degrés de nourriture.

Octobre.	Jours de la maladie	T.		P. m.	V.	D.	Urée.	Chlore.
		m.	s.					
30	13ᵉ	39	40	90	750	1028	18.60	2.50
31	—	—	—	—	—	—	—	—
1er nov.	13	40	40.3	95	—	—	—	—
2 —	16	39.5	40.2	92	700	1027	—	—
3 —	—	39.7	40.1	95	730	1027	22.38	2.15
4 —	—	39.5	40.1	94	700	1026	22.68	3.30
5 —	—	39.6	40 —	92	650 ?	1024	18.90	3 —
6 —	20	39.4	40 —	96	700	1023	21.07	3.45
7 —	—	39.4	39.5	90	920	1020	21 —	3.68
8 —	—	39.2	40.1	90	—	—	—	—
9 —	—	38.4	39.6	90	1000	1017	16.14	4.75
10 —	—	38.6	38.7	90	950	1013	11.15	3.37
11 —	—	38.2	39.3	88	2150	1013	19.43	6.40
12 —	26	38.6	38.9	88	—	—	—	—
13 —	—	38.4	38.6	84	1800	1010	14.50	4.95
14 —	—	37.6	38.4	76	2600	1008	11.31	6.10
15 —	—	37.4	38.6	75	—	—	—	—
16 —	—	37	37.4	70	2350	1010	14.10	7.75
17 —	—	36.7	37.2	66	—	—	—	—
18 —	—	—	—	—	—	—	—	—
20	36	37	—	70	1640	1018	19.35	8.70
23	—	—	—	—	1550	1020	20.05	9.61

Résumé. — Malgré l'élévation de la température, le chiffre de l'urée n'a jamais été considérable ; il reste

le même jusqu'au vingt et unième jour et descend
alors de 21 gr. à 16 gr. 14 et 11 gr. 15; la température
s'abaisse en même temps. Puis, il survient une ascension brusque de l'urée à 19 gr. 43, qui coïncide avec
une diurèse abondante, et une amélioration de l'état
général du malade. Aussitôt elle redescend à 14 et
11 gr. et s'y maintient pendant les premiers jours de
la convalescence. Quand le malade est sorti de l'hôpital, il avait une moyenne d'urée de 20 gr. On voit
donc que la fièvre n'a pas fait dépasser de beaucoup
le chiffre normal. Le chlore a présenté des oscillations
inverses, excepté le jour de la crise urinaire (25e de la
maladie). Les urines ont toujours été légèrement alcalines durant la période fébrile.

Obs. IV. — *Fièvre typhoïde.*

Le nommé X..., âgé de 28 ans, est malade depuis le 12 octobre 1873. Le début de la maladie ne présente rien de particulier. C'est une fièvre typhoïde des mieux caractérisées : taches
rosées lenticulaires nombreuses; râles sibilants dans toute la poitrine; épistaxis; rate très-volumineuse; gargouillement et douleurs iliaques; diarrhée assez abondante; nausées; tremblement
et sécheresse de la langue et des lèvres; un peu d'affaissement
et d'agitation; céphalalgie, insomnie. Il y a depuis le début des
sueurs abondantes. Entrée à l'hôpital, le 22 octobre.

23 octobre. Traitement : deux pots de limonade vineuse;
K Br., 2 gr. à prendre le soir; un verre d'eau de Sedlitz; bouillon
et vin de Bordeaux.

Le 25. Amélioration assez prononcée; pas de diarrhée : lavement émollient.

Le 26. Plus de céphalalgie, ni d'agitation. Sueurs profuses.
Râles de bronchite et expectoration abondante; constipation. On
supprime le bromure de potassium.

Le 27. La langue est moins sèche. Diarrhée légère. Le malade
dit avoir un peu d'appétit et moins de soif.

Le 28. L'amélioration se prononce de plus en plus.

Le 29. Insomnie, à cause de la toux.

Le 30. La toux diminué. Pas de diarrhée. Langue presque normale.

Le 31. Même état. Appétit plus vif.

3 novembre. Sommeil calme et prolongé. La bronchite a presque disparu. Le malade mange un peu pour la première fois. Les sueurs ont cessé.

Le 4. La première. alimentation est facilement digérée (viande ou œuf, potages).

Le 5. Même régime. Le retour des forces est rapide.

Le malade quitte l'hôpital le 12 novembre.

Octobre.	Jours de la maladie	T.		P.	V.	D.	Urée.	Chlore.
		m.	s.					
23	11ᵉ	38.9	39.2	102	800	1030	25.29	1.28
24	12	38.2	38.8	98	800	1028	24.40	1.50
25	13	37.8	38.7	94	860	1025	23.35	2.16
26	14	37.6	37.8	90	1600	1018	19.1	3.84
27	15	37—	38—	90	1250	1015	9.23	3.56
28	—	37—	37.8	86	750	1030	10.60	3.40
29	—	37—	37.6	80	1350	1019	13.56	6.20
30	—	37—	37.4	70	1580	1014	12.35	5.90
31	—	36.8	37.4	70	1600	1013	10.40	5.85
1er nov.	20	—	—	—	—	—	—	—
2	—	37—	37.2	64	975	1019	8.02	5.85
3	—	36.9	37.1	64	1125	1020	10 —	7.08
4	—	—	—	—	1270	1016	11.50	7.20
5	24	—	—	—	1700	1015	13.97	8 —
6	—	—	—	—	—	—	—	—
7	—	—	—	—	—	—	—	—
8	27	—	—	—	1650	1017	17 —	9.15

Résumé. — Cette observation nous donne encore des chiffres d'urée assez faibles (après le 10ᵉ jour). La défervescence thermique et la crise urinaire semblent correspondre au quatorzième jour; mais, dans ce cas, la polyurie est survenue sans augmentation d'urée, il y a même une diminution de 4 gr. (19 au lieu de 23), qui se prononce encore plus le lendemain (9 gr. 24), et persiste jusqu'à la première alimentation. Le vingt-septième jour, on trouve 17 gr. d'urée. Les urines de la période fébrile étaient un peu alcalines.

Obs V. — *Fièvre typhoïde.*

Homme âgé de 18 ans, habitant Paris depuis un mois. Sa maladie a débuté le 9 octobre 1873 par des frissons, de la courbature, de la céphalalgie. Le 12, épistaxis; pas de diarrhée; purgatif sans effet. Le malade entre à l'hôpital le 16 octobre. Sécheresse de la langue et des lèvres; soif vive; pas de gargouillement ni de douleur iliaques; taches rosées lenticulaires; insomnie; râles sibilants. Cette fièvre typhoïde a suivi une marche régulière. Le traitement a été très-simple : limonade vineuse, extrait de quinquina, julep diacode, vin de Bordeaux, potages, et un verre d'eau de Sedlitz pour entretenir une légère diarrhée.

Octobre.	Jours de la maladie	T.		T. m.	Quantité d'urine en 24 heur.	Densité.	Urée.	Chlore.
		m.	s.					
16	10e	38.7	40.3	98	930	1033	44.4	1.72
17	—	—	—	—	—	—	—	—
18	—	40—	40.8	98	875	1030	25.37	1.16
19	—	40—	40.5	98	850 ?	1025	20.40	1.05
20	—	40—	40.2	102	850?	1026	21.44	1.28
21	15	39.7	40.4	92	850	1025	20.54	1.24
22	—	39.6	40.2	98	—	—	—	—
23	—	39.5	40.4	100	1025	1024	22.96	2.07
24	—	39—	39.8	102	1000	1025	22.02	2.08
25	—	38.4	39.4	102	830	1025	21.08	-2.32
26	—	37.6	38.7	98	1650	1020	24.83	5.34
27	—	38—	38.6	98	3050	1012	20.43	8.13
28	—	37.2	38—	72	1600	1016	12.71	5.80
29	—	37.5	37.8	74	2025	1016	16.85	8.60
30	—	37.5	37.6	78	1670	1015	15.80	8.80
31	25	37.5	37.8	72	—	—	—	—
1er nov.	—	37.5	37.6	—	—	—	—	—
2	—	37.5	37.7	75	2500	1012	14.70	8.12
3	—	37.5	—	80	2900	1011	13.20	10.41
4	—	37—	—	78	1950	1010	9.36	6.30
5	30	—	—	68	2350	1009	16.84	11 —
6	—	—	—	—	—	—	—	—
13	38	—	—	—	1800	1015	13.70	8.82

Résumé de l'observation. — Il y a, comme on le voit, 44 gr. d'urée le dixième jour, et 25 le surlendemain, La quantité d'urine ayant peu varié, et la température s'étant élevée, cet abaissement de l'urée ne correspond pas à une défervescence complète. C'est aux purgatifs et à la diarrhée qu'il faut l'attribuer, et à la période de la maladie. Nous sommes, en effet, au douzième jour, et nous savons que l'hypersécrétion de l'urée ne dépasse guère cette période. Il faut, dans ce tableau, arriver au vingtième jour (26 octobre), pour trouver une faible augmentation d'urée avec polyurie et chute de la température, c'est-à-dire une véritable défervescence avec crise urinaire; ce même jour, le chlore augmente du double. En un mot, c'est le début de la convalescence. Le malade se rétablit très-lentement; l'urée diminue beaucoup; le 4 novembre, il n'y en a que 9 gr. 36. La première alimentation, donnée le lendemain, et bien supportée, la fait monter à 16 gr. 81; le chiffre du chlore s'est élevé dans la même proportion. Une semaine plus tard, le malade est en pleine convalescence, mais l'urée est encore loin de la moyenne normale.

Obs. VI. — *Fièvre typhoïde.*

Le nommé X..., âgé de 32 ans, cuisinier, habitant Paris depuis 1867, a été pris, le 17 octobre 1873, de frissons légers, de céphalalgie, de courbature et de vomissements. Il a pu continuer son travail jusqu'au 20 octobre. Le 21, épistaxis. Le malade prend un purgatif; peu de diarrhée. Il entre à l'hôpital Saint-Antoine, le 23 octobre. La langue est humide et saburrale; pas d'abattement; faiblesse générale; insomnie; anorexie et soif: gargouillement dans la fosse iliaque droite; pas de taches rosées lenticulaires. P. 96; T. 39,3.

24 octobre. Un verre d'eau de Sedlitz : trois ou quatre garderobes diarrhéiques.

Le 25. Le malade se trouve moins fatigué; il a mieux dormi, malgré une céphalalgie assez violente. Sueurs abondantes. Pas de diarrhée.

Le 26. L'amélioration est encore plus prononcée. Toux légère, expectoration muqueuse peu abondante, quelques râles sibilants. La céphalalgie continue. Pas de taches abdominales. Prescription : limonade vineuse, 2 pots; julep diacode; lavement émollient; potages; 24 centilitres de vin de Bordeaux et 250 grammes de Bagnols. Un peu de diarrhée.

Le 27. Le malade a un peu d'appétit. L'état général est satisfaisant.

Fouilhoux.   6

Le 28. Plus de toux; sueurs abondantes; le malade ne se plaint que de l'insomnie. L'appétit se prononce.

Le 29. Sommeil calme; constipation; soif vive.

Le 30. Diarrhée à la suite d'un léger purgatif (eau de Sedlitz).

Le 31. On observe pour la première fois deux ou trois taches rosées lenticulaires. La langue est encore blanche, mais sans sécheresse. Le malade demande toujours à manger, et aurait, dit-il, la force de se lever.

3 novembre. Sommeil, appétit; amélioraiion prononcée. P. 60.

Le 4. Le nombre des taches abdominales n'a pas augmenté. La langue est encore saburrale.

Le 5. Le sommeil est troublé par des rêvasseries, mais il en est ainsi, dit le malade, dans son état normal.

Le 6. Appétit moins vif. Même état général.

Le 8. L'appétit a repris son énergie, mais on retarde l'alimentation, à cause d'une élévation de température qui s'est produite depuis hier.

Le 10. On permet au malade de manger un peu.

A partir de ce jour, la convalescence marche rapidemen té fièvre continue a présenté des symptômes très-légers. Le malade a toujours le sommeil troublé par des cauchemars; on en trouve la raison dans des habitudes alcooliques assez anciennes. Cet homme buvait sept ou huit petits verres d'eau-de-vie avant de se coucher. Il avait, en outre, des vomituritions le matin.

Octobre.	Jours de la maladie	T.		P.	V.	D.	Urée.	Chlore.
		m.	s.					
24	8e	38.4	39 —	80	1000	1020	9.57	3.75
25	9	37.8	38.8	78	840	1026	10.80	3.57
26	10	37.7	38.1	76	1450	1016	12.29	5.94
27	11	37.6	38.6	76	2140	1012	8.56	8.34
28	—	37.5	38.1	68	2000	1011	9.88	6.08
29	—	37.3	37.7	72	3000	1010	11.25	6.06
30	—	37.2	37.4	72	2225	1011	10.35	—
2 nov.	—	36.9	37.3	66	2500	1007	9.50	6.75
3	—	37—	37.3	60	2325	1009	7.45	9 —
4	—	37.2	38—	70	2520	1007	5.60	7.50
5	20	37.8	38.4	68	1700	1010	5.86	5.35
6	—	38—	39.1	78	1450	1015	11.45	2.80
7	—	38.4	39 —	76	1300	1014	10.68	3.95
8	—	—	—	—	—	—	—	—
9	—	38.6	39.2	75	2220	1011	10.36	5.66
10	25	38.4	39.2	74	1970	1010	9.50	4.82
11	—	38.2	38.8	74	2020	1009	9.89	5 —
12	—	38.1	38.8	72	—	—	—	—
13	—	37.4	38.7	68	2000	1008	7.80	4.08
14	29	37.4	38.6	68	1830	1010	7.68	5.40

Résumé. — Les symptômes de la maladie ont été si légers, qu'on a pu douter un instant du diagnostic. L'analyse des urines a donné constamment un résultat bien rarement observé dans les maladies fébriles : quoique la température ait été peu élevée, il est étonnant de voir la quantité d'urée osciller entre des chiffres aussi faibles que 12 et 7 gr. La crise urinaire a commencé le dixième jour, en même temps que l'abaissement de la température; il y a eu 2 gr. de plus d'urée. Le lendemain, cette excrétion revient à 8 gr. 56. Vers le vingt et unième jour, il y a une légère exacerbation fébrile qui ramène l'urée de 5,86 à 11,45 Quand le malade est sorti de l'hôpital, ses urines ne contenaient que 7 gr. 68 d'urée. L'acidité des urines a toujours été faible ou nulle. Comment expliquer cet abaissement de la quantité d'urée? Chez ce malade, la diète prolongée a dû faire sentir d'autant plus son influence que la fièvre était moins intense; le poids et la force du sujet étaient au-dessous de la moyenne, et il y avait un alcoolisme de longue date.

Fièvres éruptives. — On a peu étudié les changements de l'excrétion urinaire à toutes les périodes d'une même fièvre éruptive, il n'existe que des résultats isolés, appartenant à des cas différents. M. Andral a trouvé une grande quantité d'urée le deuxième jour d'une fièvre d'invasion (30 g. p. 1000); le jour de l'éruption, Chalvet en a obtenu 18 g.24 pour 380 g. d'urine. Bien d'autres analyses ont été faites à un moment donné de la variole; mais on ne peut, avec ces résultats, poser la formule des variations de l'urée, durant le cours entier de la maladie. M. Laborde a fait des recherches plus nombreuses et plus suivies. Mais l'imperfection du procédé dont il s'est servi, et la négligence de certaines précautions, usitées en pareil cas, enlèvent beaucoup de valeur à ses observations. Il s'est contenté, pour évaluer la quantité d'urée, de la précipitation du nitrate obtenu en versant l'acide sur les parois du verre qui contient l'urine. Ce procédé, si on peut lui donner ce nom, indique seulement qu'il existe une quantité relativement grande d'urée ; mais cette même quantité peut exister dans des urines étendues, sans donner lieu à aucune précipitation.

Cet observateur a rencontré beaucoup d'urée dans la *variole*, la *rougeole*, l'*érysipèle* et surtout la *varioloïde*. Cette production exagérée est un phénomène fugace, et, sur une soixantaine de cas, il a pu remarquer que l'excès d'urée ne se montrait qu'un ou deux jours avant l'éruption et un ou deux jours après. Jamais elle n'a donné de précipité après le quatrième jour. (Cela peut tenir à un flux urinaire plus abondant ; mais cette circonstance n'est pas indiquée.) L'auteur insiste sur l'intérêt de ce fait, dans les cas où l'absence d'éruption rend le diagnostic difficile ; la précipitation du nitrate d'urée permettrait alors d'affirmer qu'on a affaire à une varioloïde. C'est ainsi qu'il a pu exclure l'hypothèse d'une méningite au début, et d'un érysipèle, dans un cas où il y en avait toutes les apparences.

Les varioles confluentes graves donnent de l'albumine, du sang ou de l'acide urique en forte proportion, mais moins d'urée. On pourrait donc, d'après la quantité de ce principe, diagnostiquer une variole ou une varioloïde. «En un mot, ce serait un signe de bon augure.»

Ces recherches incomplètes méritent d'attirer l'attention de ceux qui voudront les poursuivre dans des conditions plus rigoureuses. Il est certain que l'analyse du sang et le dosage comparatif des matières extractives fourniraient des résultats intéressants.

L'action du froid semble augmenter la proportion d'urée dans les fièvres éruptives (Laborde), sans doute en modérant le diaphorèse et l'exanthème, et en activant le fonctionnement rénal.

La *rougeole* et la *scarlatine* donnent lieu à une augmentation d'urée et de matières extractives plus considérable que dans la variole; l'urine est aussi plus abondante. En un mot, les reins semblent jouer ici un rôle dépurateur plus important que l'énanthème et l'exanthème. L'éruption variolique, au contraire, dit Chalvet, ne pourrait être suppléée par une crise urinaire. Cette dernière proposition semble en désaccord avec les faits précédents. L'élimination plus abondante des déchets coïncide souvent avec une éruption plus discrète; et, d'ailleurs, pourquoi le rapport fonctionnel qui existe entre les reins et la peau cesserait-il d'être vrai dans la variole? Pourquoi l'éruption variolique ne serait-elle pas secondée et ses dangers prévenus par la dépuration rénale? Toutefois, cette hypothèse, fondée sur l'analogie plus encore que sur des faits particuliers, a besoin d'une démonstration plus rigoureuse.

Eysipèle. — Les urines donnent, au début, un diaphragme d'acide urique et un précipité de nitrate

d'urée, qui disparaissent assez rapidement (Durante).
On manque de faits pour établir les relations, sans
doute intéressantes, qui doivent exister entre les différentes périodes de cette maladie et l'excrétion urinaire.

Nous avons dit que le diagnostic différentiel y pui-
serait peut-être des données utiles.

Urticaire. — Les affections cutanées, qui s'accompagnent de fièvre, déterminent parfois une abondante
élimination d'urée. Le cas où Andral a rencontré
le chiffre le plus élevé de ses analyses était un urticaire grave avec mouvement fébrile très-intense.

Dans les urines de l'*embarras gastrique* et de la
courbature fébrile, on obtient par l'acide nitrique une
épaisse couche de nitrate d'urée, qui disparaît en même
temps que l'excitation fébrile.

Chalvet a toujours trouvé un excès d'urée et d'extractif dans les urines de la *fièvre éphémère*, et dans le
sang des animaux chez lesquels il produisait une fièvre
gastrique artificielle.

Pneumonie. — Pendant la période fébrile, le chiffre
de l'urée peut arriver à 40, 50, 60 et même 70 grammes;
le maximum s'observe vers le deuxième et le troisième
jour.

La chute de l'urée et de la température n'a lieu
qu'après le cinquième jour; elle peut être de 18 à 20 gr.
et plus.

La convalescence commence à ce moment, mais le
retour de la moyenne normale se fait encore attendre
(Vachsmuth, Vogel).

Les matières extractives dépassent aussi le chiffre normal pendant la fièvre, et leur diminution annonce le début de la convalescence, à moins qu'elle ne coïncide avec des symptômes graves ; ce qui indiquerait une rétention de ces matières dans le sang (Hœpffner).

La courbe de l'urée et celle du chlorure s'entrecroisent. Ce fait est peut-être plus sensible dans la pneumonie, mais il ne lui est pas spécial. Le chlore diminue jusqu'au point de disparaître, dans certains cas, au moment de l'hépatisation, tandis que les crachats en contiennent beaucoup. On sait, d'ailleurs, qu'il existe dans les exsudats et les tissus en voie de formation. Mais Beale a exagéré l'importance de ce fait dans la pneumonie, en lui attribuant la diminution des chlorures dans les urines.

Il est inutile de dire que les chiffres indiqués plus haut varient avec les pneumonies et les individus. Ce qui est certain, c'est que l'urée augmente parallèlement à la température ; quand la fièvre tombe, l'activité organique s'est ralentie et l'urée peut descendre au-dessous de la normale. Avant cette période, le traitement a pu aussi enrayer la dénutrition fébrile. C'est ainsi qu'agit l'alcool à haute dose ; son action porte surtout sur les matières extractives dont l'accumulation dans le sang, suite d'une production exagérée, peut déterminer des accidents redoutables. Cette médication a fourni les plus heureux résultats à M. le professeur Béhier.

Il ne faudrait pas s'attendre, sur la foi de certains auteurs, à trouver dans tous les cas de pneumonie une augmentation considérable d'urée. Sans doute, cette excrétion devient supérieure à la moyenne physiologique du malade ; mais elle peut être au-dessous des moyennes générales. La diète, le repos, l'état antérieur de la nutrition, et surtout l'alcoolisme peuvent maintenir l'urée au-dessous de 30 grammes, malgré l'intensité de la fièvre et la gravité des symptômes.

Obs. VII. — Pneumonie.

Homme, âgé de 18 ans, peintre en bâtiments, malade depuis le 15 novembre 1873. Ce jour-là, il a été pris assez brusquement d'une douleur dans le côté gauche et d'un violent frisson. Aucun traitement n'a été fait avant le 16 novembre, jour de son entrée à l'hôpital Saint-Antoine (salle Saint-Lazare, service de M. le Dr Cadet de Gassicourt).

A gauche et en arrière, vers le tiers inférieur de la poitrine, on trouve un peu de submatité, des râles crépitants un peu gros et la respiration soufflante. Ces signes occupent une grande étendue et sont éloignés de l'oreille. La pneumonie paraît profonde. Depuis le début, l'anxiété est extrême. Il y a peu de toux et d'expectoration; crachats rouillés. Langue blanche et sèche; soif vive; un peu de délire dans la nuit du 16 au 17; constipation; sueurs abondantes; sensation pénible de chaleur; céphalalgie frontale vive. Le 16 novembre au soir, T. 39,8; le lendemain matin, P. 106, R. 38, T. 40,4. Le malade affirme qu'il boit très-peu de boissons alcooliques.

17 novembre. 8 ventouses scarifiées; kermès, 0 gr. 10; potages; 24 centilitres de vin de Bordeaux; mauve, 2 pots. Urines très-colorées, troubles, légèrement alcalines, sédimenteuses.

Le 18. Hier, pas de selles, et, le soir, beaucoup d'oppression et de malaise, et 40,4 de température rectale. Pas de sommeil, agitation et délire la nuit. Langue très-blanche, diarrhée, sueurs abondantes. Céphalalgie plus violente; toux pénible, expectoration difficile et peu abondante. Mêmes signes à l'auscultation; le souffle est peu intense. Matin, P. 102, fort et régulier, T. 40,4, R. 40; soir, T. 40°. — Même régime; kermès, 0 gr. 15; lavement avec 15 gr. de follicules de séné; 8 ventouses scarifiées. Urines acides, moins colorées.

Le 19. Un peu de sommeil et de mieux-être. Moins d'oppression; toux moins pénible; crachats visqueux, peu abondants et uniformément colorés; râles crépitants gros; souffle très-faible. Céphalalgie plus violente le soir. Constipation. En raison de la fièvre, de la vigueur du malade et de l'absence toujours affirmée d'alcoolisme, on prescrit ce matin une saignée de 300 gr. Couenne très-épaisse. Même traitement. Matin, P. 104, T. 40,5; soir, T. 40,6.

Le 20. Insomnie, agitation, délire; soif vive, néanmoins la langue est moins saburrale, l'expectoration plus abondante et plus facile, le pouls moins fort, et l'état général semble amélioré. On entend des râles plus gros, et quelques-uns au second temps de la respiration. Les crachats, plus aérés, sont toujours adhérents et de même couleur. Constipation. Rien n'est changé au traitement. Matin, P. 100, T. 40,4; soir, T. 39,2.

Le 21. La nuit précédente a été encore troublée par de l'agitation et du délire qui s'est prolongé jusqu'à la visite du matin. Le malade ne se plaint plus de céphalalgie. Il y a eu des sueurs abondantes la nuit; ce matin, la peau est sèche, la soif vive. Pas de souffle, gros râles dans une grande étendue. Potion avec 0,30 de tartre stibié, par cuillerées. La journée est calme; la nuit il survient une diarrhée abondante; les selles sont involontaires et les urines n'ont pu être complètement recueillies; sueurs peu abondantes. Léger délire. Matin, P. 102, T. 40,6.

Le 22. Râles de retour, crachats moins visqueux et presque décolorés. Diarrhée toujours abondante. Même potion stibiée. Matin, P. 102, T. 40,3.

Le 23. Un peu de sommeil accompagné d'agitation. La sonorité est revenue; on entend de gros râles dans une grande étendue; l'expectoration est plus facile. Diarrhée. La persistance du délire, malgré l'amélioration de l'état local, fait interroger de nouveau le malade sur ses habitudes antérieures, et l'on finit par découvrir qu'il n'est pas tout à fait exempt d'alcoolisme. On prescrit 2 grammes de teinture de digitale. Urines très-acides.

Le 24. Nuit calme. Le malade se trouve mieux, mais l'oppression est plus forte; les crachats, plus visqueux, contiennent un peu de sang. On trouve, à l'examen de la poitrine, un peu de submatité, des râles crépitants plus fins, et un léger souffle tubaire. Ces signes occupent la même région qu'au début et dépassent même en haut la première limite. Peau halitueuse; diarrhée. Matin, P. 100, R. 34, T. 40,3. Même régime; teinture de digitale, 3 grammes.

Le 25. Le souffle s'entend avec les autres signes dans la fosse sous-épineuse et au-dessous de l'aisselle. La nuit a été calme; peu de sueurs, pas de diarrhée. Le pouls est petit et présente quelques irrégularités, à 100; R. 28, T. 40,1. Même prescription. Urines pâles et légèrement alcalines.

Le 26. Sommeil la nuit dernière; sueurs légères. Respiration bien plus facile; crachats peu adhérents et décolorés; souffle et râles fins à l'inspiration dans le point indiqué plus haut et aux deux temps dans les parties environnantes. Langue humide et moins blanche; peu de soif. Constipation. Potion de Tood; suppression de la digitale. Matin, P. 70, R. 30, T. 37,5.

Le 27. Mieux prononcé. Insomnie, mais sans agitation; sueurs nocturnes. Un peu d'appétit. Potion de Tood. Matin, P. 56, R. 30, T. 37.

Le 28. Sommeil; peu de sueurs; langue humide. Constipation. Encore un peu de submatité; souffle faible; râles sous-crépitants fins dans toute la hauteur de la poitrine. Même traitement; le malade mange un peu de viande. Matin, P. 54, R. 28, T. 37°.

Le 29. Le souffle a disparu. L'appétit est plus prononcé. P. 62, R. 32, T. 37.

Le 30. L'alimentation est augmentée et bien supportée (viande, œuf, fruits).

3 décembre. Le malade est guéri, mais il ne peut encore se lever. Amaigrissement et faiblesse considérables. Le malade mange un degré de nourriture.

novembre	Jours de la maladie	T.		P. m.	Volume des urines de 24 heur.	Densité.	Urée.	Chlore.
		m.	s.					
17	3e	40.4	40.4	106	1200	1024	38.72	1.20
18	4	40.4	40—	102	850	1022	23.97	0.59
19	5	40.5	40.6	104	1140	1022	34.08	1.25
20	6	40.4	39.2	100	1300	1021	29.90	3.51
21	7	40.6	40.5	102	700 ?	1020	15.32 ?	1.19
22	8	40.3	40.2	102	900	1017	20.07	1.65
23	9	39.9	40—	100	900	1017	19.30	1.08
24	10	40.2	40.3	100	900	1017	17 —	1.89
25	—	40.1	40—	100	1200	1013	13.92	3.36
26	—	37.5	37.2	70	1000	1019	16.54	2.35
27	—	37—	37.4	56	1300	1018	18.20	5.59
28	—	37—	37.2	54	2000	1016	16.10	10.04
29	—	—	—	—	—	—	—	—
30	—	—	—	—	1300	1022	19 —	8.30
1er déc.	17	—	—	—	1000	1021	18.40	7.45
9	—	—	—	—	1330	1020	17.29	7 —

Le chiffre d'urée le plus élevé de ce tableau correspond au troisième jour de la maladie. Le lendemain, survient une diminution de 18 grammes, que le traitement et les symptômes ne suffisent pas à expliquer. La chute définitive de l'urée n'arrive que le septième jour. La teinture de digitale semble la rendre encore plus prononcée. On peut voir que l'urée a diminué bien avant la température ; le 25 novembre, il y a encore 40°, et 13 grammes d'urée seulement. L'amélioration, survenue dans l'état général du malade, le 27, correspond à cette défervescence thermique. La réaction des urines a été tantôt fortement alcaline (au début surtout), tantôt acide.

OBSERVATION VIII.

Chez un homme de 50 ans, atteint de pneumonie depuis trois semaines, et en présentant encore les signes aux lobes moyen et supérieur du poumon gauche; il y avait 9 gr. 50 d'urée seulement pour 600 gr. d'urine, et une quantité minime de chlore. La température était de 39°. Quatre jours après, elle arriva graduellement à 37,3; le chlore fut augmenté, mais l'urée resta au chiffre de 10 gr. Elle s'y maintint, à 50 centigrammes près, les jours suivants. On donnait une potion de Tood et des aliments ; mais l'appétit était presque nul, et l'affaiblissement considérable. La température resta longtemps hyponormale (36,4). L'état local s'améliora difficilement, et je suspendis les analyses de l'urine avant la guérison complète. On peut s'expliquer cet abaissement de *tous* les produits excrémentitiels (la densité des urines était faible) par la débilité du sujet, le repos, le peu d'aliments, le traitement alcoolique, et peut-être aussi par la nature suspecte de la lésion locale. La chute de la température coïncida avec une abondante polyurie (2 à 3 litres d'urine).

Phthisie pulmonaire. — La fièvre des phthisiques ne donne pas lieu à une bien grande augmentation d'urée. Le chiffre le plus considérable, observé par M. Andral, a été de 14 gr. p. 1000 ; chez quelques malades, arrivés au dernier degré du marasme, il s'était abaissé jusqu'à 6 gr. et même 4 gr. p. 1000. « L'affaiblissement de la constitution, l'insuffisance prolongée de l'alimentation, les pertes journalières qui ont lieu par l'expectoration, les sueurs et la diarrhée, expliquent comment la tuberculisation pulmonaire peut élever la température sans augmenter toujours l'urée, et même ne pas empêcher sa diminution. » Cette exception et les circonstances qui la déterminent se rencontrent dans d'autres maladies fébriles.

La phthisie aiguë, durant laquelle l'organisme est en proie à une dénutrition rapide et exagérée, doit produire beaucoup plus de déchets organiques. J'ai vu, dans un cas, dix jours avant la mort, les urines rouges, sédimenteuses et très-chargées d'urates et d'urée.

Emphysème pulmonaire. — Dans un cas d'emphysème pulmonaire compliqué d'œdème, de bronchite et d'accidents urémiques, Vogel a rencontré une diminution considérable d'urée (10 à 12 gr.). Les diurétiques la firent remonter à 25 gr.; avec le retour du collapsus, la diurèse cessa et l'urée redescendit à 12 gr.

OBSERVATION IX.

Chez un homme, âgé de 56 ans, et affecté, à la suite d'une lésion cardiaque, d'emphysème et d'œdème pulmonaires, d'œdème aux membres inférieurs et de congestion hépatique, les urines ont présenté les caractères suivants; le lendemain de son entrée à l'hôpital: volume, 1570 c.c.; densité, 1024; urée, 36 gr., 11.

Cinq jours après (4 nov.), l'état général et local s'est aggravé, la respiration est difficile, l'anxiété plus prononcée. Le volume des urines est tombé à 350 c. c. et l'urée à 7 gr., 76; la densité = 1026. La réaction est acide; coloration rouge; dépôt abondant d'urates. A partir de ce jour, ces caractères n'ont pas changé; le volume n'a jamais dépassé 550 c. c. et l'urée 9 gr., 50. La quantité de chlore a varié entre 1 gr. 50 et 3 gr. L'analyse des urines n'a pu être faite plusieurs jours avant la mort.

Affections cardiaques. — On voit que les complications pulmonaires des maladies du cœur et le ralentissement consécutif de la circulation ont pour effet de diminuer l'hématose et les combustions organiques. Comme ces accidents subissent de grandes variations suivant l'état du cœur, il en résulte que les déchets de l'organisme, quoique généralement diminués, présentent aussi des oscillations très-étendues. Dans un cas de maladie du cœur, Andral a trouvé, à peu de jours de distance, des chiffres aussi disparates que 4 gr., 8 gr. et 22 gr. d'urée p. 1000.

Une autre complication de ces maladies, l'*hydropisie*, fait baisser encore plus l'excrétion de l'urine et de l'urée, qui suit alors une autre voie, celle des liquides épanchés ; elle augmente, quand survient une crise urinaire spontanée ou provoquée. Vogel cite une observation à l'appui de ce fait : l'urée, descendue à 25 gr., s'éleva à 50 et 60 gr., quand la sécrétion urinaire fut devenue abondante, et s'abaissa de nouveau quand la diurèse eut cessé. « Ces variations, dit-il, se répétèrent plusieurs fois. » Il y avait évidemment accumulation d'urée dans l'économie par défaut d'excrétion et par épanchement du sérum sanguin Cette circonstance a pu faire croire que les diurétiques augmentaient la production de l'urée ; ils éliminent seulement celle qui s'est accumulée dans le sang et les liquides épanchés, et ne contribuent à sa production qu'en rendant plus faciles les circulations locales.

Rhumatisme articulaire aigu. — Toutes les matières organiques de l'urine sont augmentées. Bratler a rencontré une fois 60 gr. d'urée. Dans le cours de la période fébrile, ses variations coïncident généralement avec celles de la température, quoique dans cette affection la sueur et les épanchements locaux fassent

quelquefois osciller les résultats (Hirtz). En outre,
les diverses complications du rhumatisme peuvent
aggraver considérablement la maladie, élever même
la température, sans que l'analyse du sang et des
urines présente rien de particulier. Un rhumatisme
articulaire suraigu, terminé par des accidents nerveux (symptômes de méningite, accès de convulsions
et coma, température élevée — 40° à 42°,8), n'a donné
le jour et la veille de la mort que 25 gr. 60 et 11 gr.
50 d'urée.; il n'y avait pas accumulation dans le sang
(Hœpffner, *loc.*, *cit.*).

L'urée diminue au moment de la défervescence,
mais elle subit souvent une augmentation considérable
le jour de la crise urinaire.

Dans l'observation suivante, on trouve, le neuvième
jour, 1650 gr. d'urine et près de 40 gr. d'urée. A partir
de ce jour, la quantité d'urine augmente et l'urée
décroît assez régulièrement. Dans cette série de chiffres, on n'en voit aucun qui corresponde à une crise
urinaire, si ce n'est celui du premier jour de l'observation (9ᵉ de la maladie). Mais les fluxions articulaires
s'étant faites par poussées, dont l'intensité a été régulièrement décroissante, et la température ayant suivi
une marche analogue, il se peut très-bien que la
crise urinaire ait été insignifiante ou inaperçue. La
polyurie arrive progressivement au chiffre de 3 litres
150. Faut-il l'attribuer ainsi que la diminution graduelle de l'urée à l'influence de la propylamine ? Le
jour où ce médicament a été supprimé, la diurèse a
baissé rapidement.

Obs. X. — *Rhumatisme articulaire aigu* (n° 17).

Homme âgé de 20 ans, n'ayant jamais eu de rhumatismes, pris, le 2 octobre 1873, d'une douleur dans le genou droit. D'autres articulations ont été atteintes avant son entrée à l'hôpital Saint-Antoine, le 9 octobre. Maintenant les deux genoux, le coude gauche et les articulations du pied sont affectés. L'examen du cœur révèle un léger souffle à la base et au premier temps. — Prescription : Tisane de chiendent nitré ; propylamine 1 gr., 50 ; potages et vins de Bordeaux, 24 centil.

Le 10. Les mêmes articulations sont douloureuses ; sueurs modérées ; 3 ou 4 selles diarrhéiques. — 2 gr. de propylamine.

Le 11. Les articulations précédentes vont mieux ; le coude droit est pris. — 2 gr. 50 de propylamine ; urines légèrement alcalines, colorées et chargées d'urates.

Le 12. Amélioration ; le malade peut remuer assez facilement les articulations malades ; douleur légère dans les deux articulations coxo-fémorales ; sueurs peu abondantes. — 3 gr. de propylamine. Le malade prend quelques aliments en très-petite quantité.

Le 13. Douleurs bien moindres, mais généralisées à presque toutes les articulations. Etat général meilleur ; anorexie, soif ; peau moite. — 3 gr. de propylamine ; pouls régulier.

Le 14. Douleur dans l'articulation coxo-fémorale gauche. Langue presque normale. — Vésicatoire sur la région précordiale.

Le 15. Rien de particulier.

Le 16. Une nouvelle fluxion a atteint le coude et le poignet droits. Les autres articulations ne sont plus douloureuses. Soif vive, frissons et sueurs abondantes. Le malade mange un peu de viande. On donne toujours 3 gr. de propylamine.

Le 17. Les fluxions articulaires disparaissent. Même régime et même traitement.

Le 18 et 19. Rien de nouveau dans la maladie et le traitement.

Le 20. Nouvelle douleur dans l'épaule droite. Les autres articulations sont libres. Céphalalgie légère : sueurs nocturnes, appétit assez développé. On supprime la propylamine.

Les urines deviennent moins abondantes.

Le 21. Presque plus de douleurs articulaires.

Le 22. Douleurs peu intenses à la hanche gauche. Le malade se plaint d'un peu d'oppression. Bain de vapeurs.

Le 23. Le bras droit est encore un peu douloureux.

Le 24. Amélioration générale et locale depuis le bain de vapeurs. On en prescrit un second. Le malade prend un degré de nourriture. La convalescence est confirmée. Il n'y a pas de nouvelle fluxion articulaire.

	Jours de la maladie	T.		P. m.	V.	D.	Urée.	Chlore.
		m.	s					
10	9	38.7	39.2	86	1650	1022	39.60	4.60
11	10	38.4	39.1	86	1650	1020	35.30	5.15
12	11	38.6	38 8	86	1900	1018	31.65	5.89
13	12	38.4	39 —	90	2150	1016	27 —	7.40
14	13	38.3	39.2	92	2850	1014	29 29	8.55
15	14	38.2	38.7	90	2700	1013	27 —	6.48
16	15	38.2	38.8	80	2100	1014	26.35	4 62
17	16	38.4	38.7	78	3150	1012	25 20	9.20
23	22	37.9	38.8	78	1570	1018	20.20	6.83
24	23	37.6	38.6	76	1980	1013	21.14	8.61

Goutte. — La production de l'acide urique est exagérée, mais ce fait n'est pas spécial à cette maladie. Il n'existe pas d'analyse assez rigoureuse pour établir les rapports qui doivent relier les variations de l'urée à célles de l'acide urique dans le sang et les urines. D'après une analyse très-précise de Neubauër, il n'y aurait pas de différence entre l'urine des accès et celle de leur intervalle. Dans plusieurs cas de goutte aiguë, le sang et la sérosité d'un vésicatoire ont renfermé un excès d'urée. (Garrod.)

Albuminurie. — Les variations de l'urée doivent être différentes suivant la cause de l'abuminurie, la nature des lésions rénales, les troubles de la nutrition générale, la période et l'intensité de la maladie. Mais on n'a pas encore fait la part de ces nombreuses influences. L'attention des observateurs s'est bornée presque toujours à la période des accidents urémiques. Il y aurait cependant intérêt à étudier simultanément les oscillations de l'urée et celle de l'albumine. La matière, dont les métamorphoses donnent naissance aux principes excrémentitiels de l'urine, ne peut être détournée de sa destination physiologique sans que la composition de ce liquide soit modifiée. Mais jusqu'ici, la difficulté de doser l'albumine à mis obstacle à ce genre de recherches.

Au début de la néphrite albumineuse, on n'observe pas une grande diminution de la quantité d'urée ; elle n'arrive qu'avec les progrès de la résion rénale, l'anémie et la cachexie consécutives aux pertes de l'organisme.

OBSERVATION XI.

Chez un homme de 35 ans, atteint du mal de Bright depuis plusieurs mois et présentant une anasarque encore peu prononcée et de l'œdème pulmonaire, avec oppression considérable, l'analyse des urines a été faite durant un mois : la quantité de liquide variait de 1,500 à 2,500 centig., grâce au régime lacté (3 ou 4 litres de lait) ; celle de l'urée de 28 gr. à 15 gr. Les oscillations étaient très-irrégulières et sans rapport avec les symptômes ou le traitement. Cependant les chiffres les plus faibles de la série sont les derniers ; à ce moment l'œdème est devenu plus prononcé, l'oppression plus grande et les fonctions digestives commencent à faiblir ; il y a aussi des épistaxis. La quantité de chlore est restée normale ; la densité n'a pas dépassé 1018. L'albumine était peu abondante. Un mois après, au milieu des symptômes les plus intenses d'œdème pulmonaire et d'anasarque, la quantité d'urine est tombée à 1008 gr. et l'urée à 12 gr.

« Dans les cas de lésions rénales, dit Beale, la diminution de l'urée est un signe à peu près certain de l'étendue de ces lésions, et sa quantité normale permet d'espérer la guérison, malgré l'albuminurie. »

Il faut cependant excepter le cas où cette diminution aurait pour cause un état cachectique, comme on le voit dans l'albuminurie saturnine. Avant que l'imperméabilité rénale, consécutive à l'intoxication, puisse modifier la sécrétion urinaire, il existe des troubles de la nutrition qui diminuent les déchets organiques. A la période des vomissements et des coliques, il y a déjà 6 à 7 fois moins d'urée, et l'urine est réduite aux trois quarts de sa quantité normale. Ces variations se prononcent encore davantage avec l'anémie saturnine; et, lorsque la lésion rénale est assez étendue pour faire sentir son influence, ces deux causes réunies font descendre l'urine et l'urée à des chiffres très-minimes (Bouchard).

Urémie. — Lorsque le champ de la sécrétion urinaire est diminué par une altération du tissu rénal, l'urine et ses principes constituants s'accumulent dans le sang et donnent lieu aux accidents dits *urémiques*. On les a d'abord attribués à la transformation ammoniacale de l'urée (Frerichs); mais cette théorie est aujourd'hui généralement abandonnée, et il est démontré que c'est la rétention de l'urine et non d'un seul de ses éléments, qui détermine l'urémie (Hirtz, Gubler, Chalvet, etc). L'injection de ce liquide produit ces accidents plutôt que celle de l'urée. Gallois a tué des animaux avec 20 gr. de cette substance, sans constater de transformation ammoniacale. Rosenstein, MM. Béhier et Liouville (1) ont montré enfin, par l'expérimentation et la clinique, les différences qui existent entre l'empoisonnement par le carbonate d'ammoniaque et les phénomènes de l'urémie déterminés par

(1) *Société de Biologie*, 1873 (Communication de MM. Béhier et Liouville), et *Progrès médical*, n°s 2, 3, 4, 5 et 6 (Étude de quelques points de l'urémie : clinique, théories, expériences).

Ces savants observateurs, qui ont apporté dans la pathogénie si obscure de l'urémie les données expérimentales les plus récentes et les plus précises, ont noté aussi un abaissement de la température après les injections d'urée ou de carbonate d'ammoniaque (*Communication à la Société anatomique*, par MM. Béhier et Liouville, *Bulletin*, 1873, et *Mouvement médical*, 1873). Ce même fait avit été cliniquement observé par MM. Charcot et Bourneville.

le mal de Bright ou la néphrotomie; les symptômes ne sont pas les mêmes et les médicaments utiles dans un cas sont inefficaces dans l'autre (tiré de la *Revue des sc. méd.*, tome I).

Chalvet démontre l'impuissance de l'urée à produire l'éclampsie par ce qui arrive chez les cholériques, dont le sang en contient d'énormes quantités (jusqu'à 4 gr. p. 1000), tandisque les matières extractives continuent à s'éliminer : cet auteur conclut de ses nombreuses analyses qu'il y a dépuration imparfaite du sang, chez les albuminuriques, par rétention d'un excès de matières extractives, et que la production de l'urée est ralentie. A l'état morbide, comme à l'état sain, il a trouvé une égalité à peu près constante entre le chiffre de l'urée retenue dans le sang exprimé en centigrammes p. 1000, et le chiffre de l'urée, éliminée par le rein, exprimé en grammes. Il est certain qu'une substance aussi soluble doit être en proportion sensiblement égale dans les deux liquides situés de chaque côté du filtre rénal, si la quantité des urines n'est pas trop faible ; mais lorsqu'une altération du rein, très-étendue, réduit cette sécrétion à quelques centim. cubes de liquide, on conçoit que l'urée puisse s'accumuler dans le sang.

M. Bouchard cite l'observation d'un individu atteint d'intoxication mercurielle, puis de lésions rénales qui amenèrent l'urémie. Le dernier jour, il n'y avait que 44 centim. cubes d'urine en 24 heures, renfermant 0 gr. 185 d'urée et 1 gr. 10 de matières extractives.

Le sang contenait 17 fois plus d'urée et 3 fois plus de matières extractives. Il y avait aussi un peu d'albumine et de sucre. (Soc. de biolo., 1873).

Voici des résultats analogues que M. Hirue a bien

voulu me communiquer : chez un brightique, avant l'attaque d'urémie, il y eut en vingt-quatre heures, 900 c. c. d'urine et 9 gr. d'urée ; pendant l'attaque, le sang en contenait 4 gr., 83 p. 1000. Dans un autre cas, il a trouvé 2 gr., 572 d'urée pour 250 c. c. d'urine ; mais le malade en avait laissé perdre une quantité à peu près égale. Le sang renfermait 2 gr. 20 d'urée p. 1000.

Elimination de l'urée par des voies anormales. — Lorsque le rein ne suffit plus à l'excrétion urinaire, les produits de la désassimilation s'éliminent par tous les liquides normaux ou pathologiques. Les vomissements contiennent de l'urée dans plusieurs maladies (Bouchard), mais surtout lorsqu'ils accompagnent les accidents nerveux de l'urémie. On en trouve aussi dans la diarrhée colliquative de cette affection. Certains auteurs pensent même que les troubles digestifs ont pour cause la transformation ammoniacale des principes de l'urine dans le tube intestinal ; mais on a observé des vomissements urémiques sans produits ammoniacaux.

MM. G. Daremberg et Peter ont fait d'intéressantes recherches sur le rôle excrémentitiel des humeurs pathologiques, dans les cas d'insuffisance rénale. Le liquide ascitique d'un agonisant qui n'avait pas uriné de puis trois jours, contenait quatre heures avant la mort, 90 gr. d'urée pour 15 litres. Chez un brightique, atteint d'urémie depuis dix jours, il y avait beaucoup de matières extractives et 24 gr. d'urée dans 12 litres de sérosité abdominale ; par des ponctions répétées, qui déchargaient le sang des produits excrémentitiels, on put prolonger les jours du malade. « Ces faits renferment sans doute un grand intérêt pour la physiologie normale et pathologique, mais ils nous montrent surtout le nombre et la variété des ressources employées par la nature contre des maladies aussi inexorables, et les moyens thérapeutiques qui peuvent seconder ces efforts naturels, soulager les souffrances et reculer le terme fatal. »

Maladies du foie. — La plupart de ces affections ont une influence marquée sur la composition des urines. Il semble, d'après certains faits pathologiques, qu'il existe d'importantes relations entre les troubles fonctionnels du foie et les métamorphoses de la matière azotée ; mais la physiologie n'a pu encore les expliquer.

Ictère. — Frerichs ne signale aucune modification des principes azotés de l'urine ictérique. On trouve cependant des observations qui ne laissent aucun doute à ce sujet. M. le professeur Bouchardat rapporte deux cas d'ictère intense, de cause morale, dans lesquels les urines renferment une énorme proportion d'urée ; le troisième et le quatrième jour : 133 gr. 6 et 59 gr. 2. Il serait, sans doute, intéressant de rechercher la différence qui peut exister à ce point de vue entre l'ictère apyrétique et l'ictère fébrile, entre la simple rétention des produits biliaires et les troubles fonctionnels de l'appareil sécréteur.

Dans un cas d'ictère, de cause morale, peu intense, sans troubles digestifs notables, j'ai trouvé 8 jours après le début 16 gr. et 12 gr. 75 d'urée par vingt-quatre heures. Il survint alors une crise urinaire, qui éleva la proportion à 19 gr. 63. Au bout de quelques jours la moyenne physiologique avait reparu (25 gr.). La température fut toujours normale.

La *congestion hépatique* donne lieu à une augmentation d'urée. L'observation suivante en est un exemple assez frappant. La gravité des symptômes du début fut telle que l'on pouvait croire à une hépatite diffuse; mais la rapidité de la guérison et les caractères de la sécrétion urinaire doivent, je pense, éloigner cette hypothèse. Nous verrons, en effet, que l'inflammation du parenchyme hépatique détermine dans les urines des modifications tout à fait opposées (Frerichs).

L'observation commence au cinquième jour de la maladie après le frisson, et les quantités d'urine et d'urée sont déjà très-considérables. Quoique la température soit peu élevée, je ne pense pas qu'il s'agisse là d'un flux critique, d'une véritable défervescence. Le chlore n'a pas encore augmenté, et l'absence d'élévation thermique n'a rien d'étonnant dans un ictère aussi intense. Le flux critique semble correspondre plutôt au huitième jour : à ce moment, en effet, tous les symptômes se sont amendés, le chlore augmente du double, la quantité d'urine s'élève à 3650 c. c. et celle de l'urée à 54 gr. 75; le lendemain, il y en a 25 gr. de moins, tandis que la polyurie persiste et que le chlore augmente toujours. Cette intersection des courbes de l'urée et des chlorures caractérise bien une crise urinaire. A partir de ce moment, l'urée diminue graduellement. Dans le cours de la convalescence, il survient une éruption passagère de furoncles, qui s'accompagne d'une légère augmentation d'urée. Les urines ont toujours été très-faiblement acides et quelquefois un peu alcalines, surtout dans la convalescence ;

elles ont présenté une coloration ictérique extrême-
ment foncée, et qui avait à peine diminué le dernier
jour de l'observation.

Obs. XII. — *Congestion hépatique intense* (*Hôpital Saint-Antoine,
salle Saint-Lazare, service de M. Cadet de Gassicourt.*

Le nommé X..., âgé de 27 ans, polisseur de glaces, a été soldat
pendant dix-huit mois au Sénégal (1870-71), où il a eu trois mois
de dysentérie et la fièvre intermittente tierce. Dans l'hiver de
1872 et celui de 1873 il a eu la fièvre intermittente durant un
mois. Cet homme boit un litre et demi ou deux de vin par jour,
et un ou deux petits verres d'eau-de-vie le matin à jeun ; il a le
sommeil troublé par des rêves, et souvent des vomissements le
matin. Malade depuis le 1er novembre 1873, il a eu pendant
quinze jours des digestions difficiles, une vague céphalalgie et de
la constipation. Ce n'est que le 15 novembre qu'il a été obligé de
se mettre au lit. Ce jour-là, il a été pris, deux heures après son
déjeuner, d'un violent frisson suivi de chaleur et d'une sueur
abondante, jusqu'à six heures du soir. En même temps, a commencé une violente céphalalgie qui persiste encore. Depuis ce
jour, il passe toutes les nuits dans l'insomnie, l'assoupissement
ou des rêvasseries ; il a une courbature générale, et des douleurs
plus prononcées dans les jambes et le dos. Aujourd'hui, 19 novembre, on constate, outre ces phénomènes, une douleur continue dans l'hypochondre droit, qui est sensible à la palpation,
une légère augmentation du foie à la percussion, une constipation
absolue, un abattement assez prononcé et un ictère intense qui
date du 18. La langue est sèche et un peu fuligineuse, l'appétit
nul et la soif très-vive. La parole est lente et fatiguée. Depuis
le 15, le malade vomit le peu d'aliments qu'il a essayé de prendre.
Il a eu une épistaxis avant-hier, 18 ; sécheresse de la peau.

Le 19, soir. T. 38. Le foie mesure 13 cent. de hauteur, et la rate
9 cent. Urines de coloration ictérique très-intense, peu acides.

Le 20. Ce matin, P. 90 ; T. 37,8. Large vésicatoire volant sur
la région hépatique. Tisane de chiendent ; extrait de quinquina,
3 gr. et 1 gr. de calomel ; bouillons et potage, 24 centil. de vin
de Bordeaux. Le soir, la céphalalgie a diminué ; P. 98 ; T. 38,1.
Il y a trois garde-robes légèrement diarrhéiques et décolorées.
Les crachats renferment un peu de sang qui provient du nez ou
de la bouche.

Le 21. La céphalalgie a presque disparu ; la langue moins
noire, est recouverte d'un épais enduit. La peau est sèche ce
matin, mais il y a eu des sueurs abondantes la nuit. On aperçoit

une légère desquamation furfuracée sur le visage. La douleur de l'hypochondre est moins vive. La diarrhée légère de la veille continue aujourd'hui, mais les matières ne sont plus décolorées. Lavement émollient ; même traitement ; scammonée : 15 centigr. calomel : 20 centigr.

Le 22. Presque plus de douleur dans le côté droit ; langue poisseuse ; appétit toujours nul, soif vive. Encore un peu de sang dans l'expuition. La teinte ictérique paraît moins foncée. Plus de sueurs. Un peu de sécheresse de la peau. Plus de céphalalgie, sommeil la nuit dernière. Une garde-robe diarrhéique et de couleur normale ; mêmes prescriptions. P. 88. T. 37; ce matin.

Le 23. Mieux sensible ; ictère bien moins prononcée, plus de céphalalgie ni de douleur hépatique ; les crachats renferment encore un peu de sang provenant du nez ; langue moins collante, humide ; on remarque depuis deux jours un peu d'exsudation épithéliale sur la muqueuse buccale. Peau moite, pas de sueurs ; démangeaison générale. Pas de diarrhée ; même alimentation avec bouillons et potages ; lavement émollient ; potion avec 2 gr. de bicarbonate de soude. Matin, P. 80, T. 37,4.

Le 24. Mieux plus prononcé ; même état des voies digestives ; beaucoup de soif et de frissons. Peu de sommeil, mais plus calme. Sueurs légères la nuit. L'ictère est encore moins prononcé. Il ne reste qu'une faiblesse générale. Les crachats ne contiennent plus de sang. Même régime. Deux garde-robes diarrhéiques. P. 85 ; T. 37,6 le matin.

Le 25. L'ictère diminue de plus en plus. Le malade ne présente aucun symptôme particulier. Le foie est encore un peu volumineux. Peu de diarrhée. Sueurs légères pendant la nuit. Matin : P. 76, T. 37,4 ;

Le 26. Langue presque normale ; un peu d'appétit. Sueurs abondantes la nuit précédente. Amaigrissement assez prononcé depuis quelques jours. Le malade prend toujours 3 gr. de bicarbonate de soude. Diarrhée légère. Matin : P. 76 ; T. 37,6 ;

Le 27. Sommeil assez prolongé ; les sueurs nocturnes sont toujours abondantes ; constipation. Le malade prend pour la première fois quelques aliments, œuf, poulet et potages. Matin : P. 80 ; T. 37,6 ; soir :

Le 28. Les aliments ont été bien supportés. Même état des voies digestives. P. 60 ; T. 37,1. Urines un peu moins foncées, légèrement alcalines.

Le 29. Rien de particulier dans l'état général. Même alimentation. P. 60, T. 37,4 le matin. Urines sédimenteuses (urates), neutres.

Le 30. Eruption de trois furoncles, au niveau de la mâchoire inférieure du côté droit, sur le grand trochanter du même côté et dans le dos.

1er décembre. On incise deux furoncles. Le malade va de mieux en mieux. L'appétit et les forces vont en augmentant. L'ictère pâlit de plus en plus. Légère diarrhée. P. 60 ; T. 38,6 le matin.

Le 2. Sommeil prolongé et calme ; la langue est un peu saburrale. Cotelette, poisson, potages.

Le 3. Les furoncles incisés sont guéris. Celui de la région dorsale est ouvert par le bistouri. La démangeaison persiste, la nuit surtout. Appétit modéré.

A dater de ce jour, la convalescence suit une marche régulière et rapide. Mais le malade ne se lève qu'à partir du 8 décembre et pendant quelques instants seulement.

Jours du mois.	Jours de la maladie	T. m.	T. s.	P. m.	Volume des urines.	Densité.	Urée.	Chlore.
20 nov.	5e	37.8	38.1	90	3600	1011	40.90	3.06
21 —	6	37.6	38—	90	3140	1011	45.40	3.45
22 —	après	37—	37.8	88	2375	1012	47.30	2.52
23 —	le	37.4	37.9	80	3650	1012	54.75	5.10
24 —	frisson.	37.6	37.8	86	2420	1012	29.76	10 —
25 —	10	37.4	—	76	2700	1013	25.11	10.80
26 —	—	37.6	—	76	3100	1014	27.09	12.04
27 —	—	37.6	—	80	2600	1015	22.36	10 04
28 —	—	37.4	—	60	2350	1014	20.33	10.60
29 —	—	—	—	—	—	—	—	—
30 —	15	—	—	—	2250	1018	24.75	11 —
1er déc.	—	37.6	—	60	1650	1017	16.80	7.75
2 —	—	—	—	—	2400	1015	25 —	—
3 —	—	—	—	—	2300	1014	18.80	9.89
4 —	—	—	—	—	2550	1014	18.55	—
5 —	—	—	—	—	—	—	—	—
7 —	—	—	—	—	1850	1014	15.24	—
8 —	23	—	—	—	2400	1014	18.00	—

Inflammation du parenchyme hépatique. — Frerichs a presque constamment trouvé une modification intéressante de la composition des urines : la leucine, la tyrosine et des matières extractives diverses ont été constatées en forte proportion, tandis que l'urée s'est trouvée réduite à des traces et quelquefois à zéro (*Traité des maladies du foie*, obs. 18 et 19).

« L'apparition d'une quantité considérable de matières extractives et la disparition progressive de l'urée et des phosphates calcaires annoncent, dit Frerichs,

des anomalies profondes, longtemps inconnues, dans
les transformations de la matière, et si l'observation
ultérieure confirme ces résultats, on possédera d'importantes données sur les transformations que subissent les matières albuminoïdes, lorsque le foie cesse
d'être actif. » Il est vrai que l'accumulation de l'urée dans
le sang, et les altérations de l'épithélium et du tissu rénal, qui compliquent si souvent cette affection, rendent
compte du changement survenu dans la composition
des urines, et enlèvent à la lésion hépatique une partie
de son rôle direct dans la production de ces phénomènes. Mais puisque la leucine et la tyrosine ont été
produites en quantité anormale et ont pu être excré-
tées, il faut bien remonter aux troubles de la nutrition
générale et à l'altération du foie, pour expliquer des
variations si prononcées.

Cirrhose. — Dans trois cas de cirrhose, Andral a
trouvé de 20 à 22 gr d'urée pour 1000; Frerichs a
constaté quelquefois une diminution de l'urine et une
forte proportion d'urée, de créatine, de créatinine et
d'acide urique. Mais la quantité d'urine n'étant pas
indiquée, il peut bien y avoir une diminution réelle
de ses principes constituants.

Voici le résumé de deux observations de cirrhose
que M. Hirne doit publier ultérieurement, et dont j'ai
analysé les urines :

OBS. XIII. — Cirrhose.

Homme âgé de 36 ans, entré à l'hôpital Saint-Antoine, salle
Saint-Lazare, service de M. Cadet de Gassicourt, le 16 novembre 1872, pour augmentation de volume du ventre, œdème des
jambes et des bourses et gêne de la respiration. Le début de ces

accidents remonte à plusieurs mois. Ce malade boit deux ou trois litres de vin par jour et de l'eau-de-vie. On constate une ascite considérable et une augmentation de volume du foie, dont la hauteur (ligne du mamelon) mesure 14 cent. Le repos et les diurétiques permettent bientôt au malade de quitter l'hôpital ; mais il est obligé d'y rentrer le 1er août 1873. Le ventre est alors très-volumineux, les digestions sont pénibles, l'appétit a diminué, l'œdème des membres inférieurs est considérable. En quelques semaines, les mêmes soins, le régime lacté d'abord, suspendu à cause de la diarrhée, puis les diurétiques, amènent une amélioration notable. Les épanchements disparaissent, le foie diminue, l'appétit et les forces reviennent presque complètement. Le malade quitte l'hôpital dans un état excellent.

27 septembre. Le malade a rendu 41 gr. 37 d'urée pour 2,500 centilitres d'urine.

Le 29. 19 gr. 35. Les dosages ont été faits par l'appareil de M. Esbach ; la quantité d'urée obtenue avec ce procédé n'est jamais tombée au-dessous de 17 gr. Lorsque le malade est sorti de l'hôpital (20 octobre), il y avait depuis quelques jours une moyenne de 24 gr. La quantité d'urine a oscillé entre 1,500 et 2,500 centilit. Les urines devenaient rapidement alcalines dans le vase qui les contenait. Aussi le procédé de M. Quinquaud (réactif de Millon) ne donnait que de très-minimes quantités d'urée : de 10 gr. à 1 gr. Quelquefois, il n'en décelait pas même des traces. L'azotate mercurique (procédé de Liebig) a généralement donné des chiffres plus élevés que l'azotite de mercure ; mais quelquefois aussi, la réaction était nulle. On ne peut pourtant pas supposer que toute l'urée se fût transformée en carbonate d'ammoniaque dans un liquide aussi étendu (2,000 centilit. en moyenne), puisque cela n'arrivait pas pour des urines placées dans les mêmes conditions. Des urines plus alcalines ont toujours présenté la réaction de l'urée avec l'azotate ou l'azotite de mercure, même après avoir été débarrassées de l'acide carbonique. Il faut donc admettre qu'il existait dans ce cas une grande quantité de produits azotés, décomposables par l'hypobromite de soude et que l'urée était en très-faible proportion.

Obs. XIV. — *Cirrhose du foie.*

Méchin (Elie), âgé de 44 ans, entre à l'hôpital Saint-Antoine, le 18 juin 1873 (service de M. Cadet de Gassicourt). Depuis trois semaines, il a perdu les forces et l'appétit ; ventre volumineux depuis très-longtemps. Antécédents d'alcoolisme. Urines fortement coloriées en rouge brun, abondantes et sans matières colorantes de la bile. Sous l'influence du repos, des diurétiques et des toniques, l'état général et local s'améliore et le malade quitte l'hôpital le 26 juillet.

Deux mois après, il y rentre. Abdomen plus volumineux. Œdème aux jambes ; un peu de fièvre, pouls accéléré ; le foie mesure 15 cent. (ligne mamelonnaire). Urines rares, d'un rouge jaunâtre très-foncé, et chargées d'urates alcalins ; pas de matières colorantes biliaires.

Vers le 5 octobre l'état s'aggrave ; gêne de la respiration, langue sèche ; prostration. En quelques jours, amaigrissement extrême ; teinte jaune bistre de la peau.

Le 7. Ponction abdominale ; vomissements le lendemain. Les deux liquides ne contiennent pas d'urée. Le foie est dur, non mamelonné ; il déborde les fausses côtes de 10 cent., sa hauteur est de 18 cent.

Le 14. Diarrhée, qui persiste jusqu'à la fin ; toujours un peu de fièvre ; facies altéré ; œdème des jambes.

Le 18. L'arthrite s'est reproduite. Urines toujours rares, non ictériques.

Le 21. Mort.

A l'autopsie, rate et foie très-volumineux. La coupe du foie est dure et d'apparence fibreuse. Poumons congestionnés ; dilatation des cavités du cœur ; intégrité des autres organes.

Durant le premier séjour de ce malade à l'hôpital, les urines étaient abondantes et fortement colorées. L'analyse n'en a pas été faite. A sa rentrée, commence la dernière période de sa maladie. Les urines sont alors en petite quantité et encore plus fortement colorées : Pendant le dernier mois, leur volume n'a pas dépassé 500 c. c. ; leur couleur rouge brun était d'une intensité telle qu'on aurait difficilement reconnu le liquide à ce caractère ; jamais elles n'ont renfermé de produits biliaires. La densité a presque toujours dépassé 1030, elle était quelquefois de 1038. La réaction a été ordinairement alcaline. Comme dans l'observation précédente, l'hypobromite de soude (procédé de M. Esbach) a fourni des chiffres d'urée beaucoup plus élevés que les réactifs de Millon et de Liebig, même

— 117 —

en l'absence de fermentation ammoniacale. Néanmoins, la proportion n'a pas dépassé 10 ou 12 gr., et
souvent elle est descendue à 5 ou 6 gr. Avec la liqueur
de Millon (procédé de Quinquaud), on en obtenait 2 à
6 gr. seulement en moyenne, et quelquefois moins
encore.

L'observation suivante que M. Hirne a communiqué
récemment à la Société anatomique, est un cas de
kyste hydatique du foie dont la diagnostic était si difficile que l'on crut à une cirrhose jusqu'à l'autopsie.

OBS. XV. — *Kyste hydatique du foie* (25 octobre 1873, *Hôpital
Saint-Antoine, salle Saint-Lazare, service de M. Cadet de
Gassicourt.*

Homme âgé de 46 ans. Antécédents : fièvre intermittente en
Algérie, et depuis son retour en France ; rhumatismes, syphilis,
un peu d'alcoolisme. Malade depuis un an ; sentiment de fatigue,
hypochondrie ; ventre volumineux depuis longtemps ; peu d'épanchement péritonéal ; jamais d'ictère. La hauteur du lobe droit du
foie = 22 centim.; la rate = 15 centim. de hauteur.

Le 28. Œdème des membres inférieurs et des bourses. Urines
rares et foncées.

Le 30. Œdème des parois abdominales ; ictère ; inappétence.

1er novembre. Régime lacté, diurétique (Gubler). Urines alcalines.

Le 3. Urines acides.

Le 6. Diarrhée.

Le 7. Epanchement léger dans la plèvre droite.

Le 10. Selles molles, incolores ; ictère toujours accusé ; urines
ictériques.

Le 11. Hémorrhagie intestinale légère. Potion de Tood, julep
morphiné. Urines plus colorées que d'habitude, acides, à peine
ictériques.

Le 13. Ventre tendu ; région hépatique douloureuse ; veines
sous-cutanées développées ; langue sèche ; urines plus claires

Le 14. Pas de sommeil ; constipation ; appétit nul, pas d'aliments, soif vive. Moins d'œdème aux membres inférieurs. Urines
limpides, très-colorées.

Le 17. Moins d'ictère ; ascite, œdème des jambes. Le malade

ne peut rester couché ; selles colorées. Urines limpides et non ictériques. Bouillons seulement.

Le 18. Mêmes symptômes. Presque plus d'ictère ; ventre plus tendu, mais non douloureux. Urines acides, limpides, non ictériques, mais très-colorées.

Le 19. Vomissements, ce matin ; abattement plus prononcé.

Le 21. Pouls faible, irrégulier ; diarrhée. Plus d'ictère ; urines toujours très-acides, limpides et de couleur presque normale. Le malade a depuis quelques jours une petite eschare au sacrum.

Les 28, 29 et 30. Urines peu colorées, donnant par l'acide nitrique une matière colorante noire.

Le malade meurt quelques jours après. A l'autopsie, on trouve un kyste hydatique communiquant avec les voies biliaires ; le lobe droit du foie est réduit à une coque fibreuse ; rien dans le lobe gauche.

Jours du mois.	T.		Volume des urines en 24 heures.	Densité.	Urée.	Chlore.
	m.,	s.				
28 octobre.	—	—	500	1019	5.76	1.03
29 —	—	—	460	1017	6 —	1.25
31 —	—	—	480	1018	7.15	0.93
2 novemb.	—	—	850	1020	14.96	1.30
3 —	—	—	1000	1020	16 —	1.53
4 —	—	—	450	1021	8.10	0.70
6 —	—	—	1200	1020	19.80	—
9 —	—	—	870	1020	14.80	3.90
10 —	—	—	1100	1019	16.06	5 —
11 —	—	—	380	1025	4.56	1.14
13 —	—	—	550	1019	9.62	0.51
14 —	—	—	560	1022	8.84	0.64
16 —	—	—	1100	1017	22.55	0.88
17 —	—	—	800	1017	17.06	0.66
18 —	—	—	700	1017	14 —	0.50
19 —	—	—	450	1020	7.65	0.27
20 —	—	—	830	1017	15.35	0.35
23 —	36.4	—	900	1013	15.32	0.76
24 —	36.6	37 —	900	1013	15 32	—
25 —	36.4	37.2	900	1013	15.32	—
26 —	36.6	—	900	1013	15.32	—
27 —	35.8	—	750	1015	11.47	0.52
30 —	35.3	36.6	650	1014	9.75	—

Les quantités d'urine et d'urée présentent des oscillations très-étendues. La densité, uniforme au début, baisse un peu vers la fin de la maladie. Le chlore a toujours été en très-faible proportion, ce qui s'explique par le défaut d'aliments. Les deux premiers jours, il y a fort peu d'urine et d'urée. A ce moment, il survient un ictère, et les quantités d'urine et d'urée s'élèvent rapidement ; quand l'ictère disparaît, elles retombent de 16 gr. à 4 gr. 56. La couleur des urines est néanmoins restée très-foncée, et l'acide nitrique fait apparaître une matière colorante noire, dont la quantité devient ensuite de moins en moins appréciable. Le dosage de l'urée a été fait par les procédés de M. Quinquaud et de M. Esbach. L'hypobromite de soude donnait en moyenne de 1 à 3 gr. de plus que l'autre réactif, et la différence était relativement plus grande entre les chiffres les plus faibles ; ce qui prouve que la diminution de l'urée s'accompagnait d'une augmentation des produits similaires. Du reste, M. Hirne a constaté que les urines, concentrées par la chaleur, dégageaient une odeur de bouillon très-prononcée ; l'examen microscopique et chimique lui a démontré la présence de matières extractives diverses.

Cachexies. — Quelle que soit la maladie qui amène cette altération de la nutrition, caractérisée par la pauvreté du sang et le ralentissement de tous les actes nutritifs (Robin), il en résulte une diminution des déchets organiques, surtout des principes azotés ; l'urée peut descendre à une très-faible proportion. Il est étonnant, dit M. Andral, que l'insuffisance des matières albuminoïdes dans le sang et l'alimentation ne fasse pas diminuer aussi la température d'une manière notable. Mais lorsque cet abaissement arrive, il est brusque et sensible.

Cachexie cancéreuse. — Dans un cas de cancer utérin, Favre a vu l'urine devenir peu abondante, et l'urée disparaître. Ce phénomène doit être plus ou moins prononcé suivant l'importance des organes atteints. Lorsque la maladie a pour siége les voies digestives, la cachexie est alors hâtée et compliquée par l'inanition. C'est pour cela que l'on trouve l'urine et l'urée réduites au minimum, dans certains cas de cancer stomacal. Mais ce qui prouve l'influence de la cachexie, c'est que dans d'autres affections qui empêchent aussi d'ingérer ou de conserver les aliments, et qui amènent la mort par simple inanition, la quantité et la composition des urines ne sont pas si profondément modifiées.

Une femme atteinte de cancer du foie (observation recueillie par M. Hirne), rendait en vingt-quatre heures 700 c. c. environ d'urine et une quantité d'urée, qui a oscillé entre 6 et 7 grammes. Il y avait peu de matières colorantes.

Dans l'observation suivante, les urines ont toujours été peu abondantes, tantôt limpides et tantôt surchargées de matières sédimenteuses. La couleur était d'un rouge foncé, la réaction fortement acide.

OBS. XVI. — *Cancer de l'estomac (Hôpital Saint-Antoine, salle Sainte-Jeanne, service de M. Cadet de Gassicourt.*

Femme âgée de 59 ans. Sa maladie a débuté vers le mois de juillet 1873. Depuis cette époque, elle souffre de vomissements incessants et incoercibles. Jamais les matières vomies n'ont renfermé de sang noir ; mais il y en a eu dans les garde-robes. La constipation est opiniâtre : deux ou trois selles dans un mois. Les boissons et les aliments sont rendus aussitôt après leur ingestion. La maigreur et la faiblesse sont très-prononcées. On trouve, à la région épigastrique, une tumeur à surface large et un peu irrégulière, située au-dessous des fausses côtes gauches et dépassant un peu à droite la ligne médiane. Le traitement et le régime ont été aussi variés que possible; l'estomac rejette absolument tout.

Les urines ont été soigneusement recueillies; je dois le rappeler, pour ne laisser aucun doute sur des chiffres qui pourraient sembler faibles. Il n'y avait souvent qu'une miction en vingt-quatre heures et je ne crois pas que depuis longtemps la quantité ait dépassé 300 c. c.

Jours du mois.	Volume des urines de 24 heures.	Densité.	Urée.	Chlore.
3 novembre.	200	—	2.64	—
10 —	107	1031	2 18	0.58
11 —	260	1031	4.15	1.18
13 —	45	1030	0.83	0.33
20 —	60	1032	1.35	0.16

Scorbut, — En général, les caractères apparents de l'urine ne sont pas modifiés ; la composition seule est altérée, de même que celle du sang. L'analyse n'y découvre pas les effets ordinaires de la fièvre, lorsque la température est élevée. L'organisme se déminéralise, se désagrége, mais ne brûle pas comme dans les autres affections fébriles. Tous les principes de l'urine sont augmentés, à l'exception de l'urée, qui est en faible quantité. Dans un cas où la température était assez élevée, il n'y en avait que 9 gr. 60 en vingt-quatre heures (Leven). Le retour à la santé s'annonce par des proportions inverses.

Maladie d'Addison. — Chez deux individus atteints de maladie bronzée, Rosenstirn a constaté une diminution permanente et considérable de l'urée, et une augmentation notable de la quantité d'indican qui devient de 11 à 12 fois la normale. (*Revue des Soc. méd.*, tome I, 1872.) La cachexie qui accompagne sou-

Fouilhoux.

vent cette affection nous explique le ralentissement des actes nutritifs. Quant au second fait, ce serait encore le cas d'examiner s'il existe des relations entre les proportions inverses de l'urée et des principes colorants, ceux-ci provenant d'une transformation anormale de la matière azotée. Ce rapport ou cette coïncidence s'observerait dans d'autres maladies (altérations du foie) ; mais les analyses ne sont pas assez nombreuses ni assez précises pour autoriser une hypothèse quelconque.

Leucocythémie. — D'après une observation du Dr Siger, où l'analyse des urines a été faite, il semble que cette maladie ne ralentit pas la production de l'urée autant que pourrait le faire supposer l'altération du sang. Il s'agissait d'une femme profondément anémique, dont la rate était très-volumineuse et la température hyponormale. Le chiffre de l'urée était de 20 grammes. Sous l'influence d'inhalations oxygénées, il s'éleva à 23 grammes, au bout de trois jours (Arch. of scient. and practical medicine, 1873, New-York).

Chlorose. — Il est naturel de supposer que l'urée est en faible proportion dans l'urine des chlorotiques ; cependant M. Bouchard a souvent constaté une augmentation du poids des matières fixes. Peut-être ce fait a-t-il pour cause un de ces changements passagers que présente parfois cette affection. C'est ainsi qu'on observe chez les personnes chlorotiques, généralement très-nerveuses, une fièvre légère qui s'accompagne de sensations de chaleur et d'une température un peu supérieure au maximum physiologique (Andral). Si les urines proviennent de cette période d'excitation, leur composition peut être modifiée.

Anémie.—L'urine est en quantité normale, mais sa densité est considérablement abaissée par suite de la diminution des matériaux solides. Becquerel a vu descendre le chiffre de l'urée à la moitié et même au quart de la normale. L'abaissement serait, d'après certains auteurs, proportionnel à la déglobulisation du sang; cette excrétion augmenterait ensuite comme le nombre des globules (Ludwig). On pourrait donc, par l'analyse des urines, aussi bien que par celle du sang, observer les progrès de l'anémie et les effets de la médication reconstituante. Dans le cas que je vais citer, on voit le minimum d'urée coïncider avec les symptômes de l'anémie la plus prononcée. Ce chiffre a dû être encore plus faible, car la malade entrait déjà en voie de guérison, lorsque je fis la première analyse. Le retour des forces fut assez rapide, et leur progression régulière coïncida avec une ascension parallèle des chiffres de l'urée. Le chlore a suivi les mêmes oscillations, mais sa quantité a toujours été très-élevée.

OBS. XVII. — *Fausse couche. Hémorrhagies. Anémie aiguë. (service de M. Cadet de Gassicourt).*

Femme âgée de 40 ans, blanchisseuse, entrée à l'hôpital Saint-Antoine le 25 octobre 1873. Examen de la malade le 15 novembre. Il y a sept semaines, elle a eu une fausse couche, à deux mois environ de grossesse. Même accident lui est déjà arrivé en 1868, mais sans conséquences fâcheuses. Dans l'intervalle, elle a eu une grossesse heureuse Ce dernier avortement est attribué à un excès de travail : après quelques jours de malaise, il est survenu une hémorrhagie en caillots, qui a cessé aussitôt et recommencé quelques jours après, pour disparaître encore durant deux ou trois jours et revenir brusquement sous forme de caillots abondants. Ces pertes ont duré six semaines, sans traitement ; elles ont cessé depuis cinq à six jours. Lorsque cette femme a été transportée à l'hôpital, sa faiblesse était extrême ; elle avait des éblouissements, des bourdonnements d'oreille et la voix presque éteinte. Aujourd'hui, 15 novembre, ces phénomènes ont disparu, ainsi que l'hémorrhagie. Mais le pouls est encore faible et rapide, et on entend au cœur et dans les vaisseaux un souffle très-fort ; la pâleur des tissus est très-prononcée. Jusqu'ici, elle a suivi un traitement tonique et un régime réparateur : limonade vineuse, extrait de quinquina, pilules de Vallet et les aliments les plus reconstituants.

L'analyse des urines, faite à une époque malheureusement trop éloignée du début de l'anémie, nous montre l'urée suivant une progression croissante et proportionnelle à la reconstitution du sang et au relèvement des forces.

5 nov. Urines limpides, pâles, à réaction fortement acide.
V. 970, D. 1015 ; Chlore 6 gr. 50 ; Urée 7 gr. 20
6 nov. Mêmes caractères physiques.
V. 840 ; D. 1017 ; Urée 8 gr.
7 nov. V. 970 ; D. 1019 ; Urée 9 gr. 50.
10 nov. V. 1440 ; D. 1015 ; Chlore, 7 gr. 8 ; Urée 10 gr. 80.
11 nov. V. 1645 ; D. 1017 ; Chlore 18 gr. ; Urée 13 gr. 25.
13 nov. V. 1500 ; D. 1016 ; Chlore 8 gr. 5 ; Urée 15 gr.
18 nov. V. 1825 ; D. 1015 ; Chlore 9 gr. ; Urée 17 gr. 4.
19 nov. V. 1490 ; D. 1019 ; Chlore 7 gr. 43 ; Urée 15 gr. 50.

Cet abaissement dans la quantité d'urine, de chlore et d'urée le 19, a sans doute pour cause l'écoulement menstruel qui a commencé ce même jour.

Diabète sucré. — Avant les travaux de MM. Rayer et Bouchardat, on croyait que les urines des glycosuriques renfermaient toujours une quantité d'urée inférieure à la normale. L'erreur venait de ce qu'on ne calculait que la proportion relative, et non le total des vingt-quatre heures. « L'élimination de l'urée, dit M. Bouchardat, en si grande quantité par les glycosuriques, est un fait très-remarquable, surtout si on veut le rapprocher de cette circonstance que, chez eux, il y a toujours une notable diminution dans l'énergie des phénomènes respiratoires et bien souvent un abaissement dans le chiffre de la température. »

Au début de la maladie, l'excrétion de l'urée peut atteindre les chiffres de 80, 100 et 164 grammes (Cassan, thèse de Paris, 1874), même avec une alimentation insuffisante. Toutefois, l'inanition, qui résulte de pertes considérables en matières azotées, finit par diminuer le poids du corps et l'urée elle-même. Dans plusieurs cas, l'élimination abondante de matériaux azotés, a porté principalement sur les produits d'oxydation inférieure. Avec une polyurie excessive, les matières extractives semblent augmenter plus que l'urée; avec un volume d'urine normal, les matières autres que le sucre sont en quantités normales. Le plus souvent la température est au-dessous du degré physiologique; mais si une cause quelconque vient à l'élever, la proportion d'urée augmente, les matières extractives diminuent, et le sucre peut disparaître (Kien, Hirtz, etc.).

Le Dr Woll (de Bonn), ayant rencontré l'inosite dans l'urine d'un diabétique, étudia ses variations; sa quantité toujours croissante devint inverse de celle de l'urée et du sucre. Ce dernier ayant disparu, et l'urée étant réduite à des traces, on put obtenir 18 à 20 gr. d'inosite en 24 heures.

L'azoturie a pris aujourd'hui une haute importance dans la pathogénie, le pronostic et le traitement du diabète à ses diverses périodes. M. Lécorché (1) la

(1) *Gazette hebdomadaire*, 1873.

considère comme le fait primitif et principal. Pour lui, la perte de ces quantités énormes d'urée par l'urine, les sueurs et les matières fécales explique bien mieux les symptômes et les accidents ultimes du diabète que la glycosurie. M. Bouchard, tout en réservant la question théorique, attribue à l'azoturie une grande influence sur l'aggravation de l'état général; aussi introduit-il dans le traitement de M. Bouchardat des précautions relatives à ce symptôme qu'il faut craindre d'aggraver. L'indication d'enrayer la désassimilation exagérée des tissus azotés doit être la base de tout traitement. C'est à ce résultat que les nombreuses médications, quel que soit leur point de départ théorique, doivent leurs succès. Il faut des toniques et des aliments pour réparer les pertes de l'économie et en faire les frais; on doit aussi recourir aux médicaments d'épargne pour atteindre plus directement la maladie; c'est ainsi qu'agissent l'opium (Lécorché), la valériane (Bouchard), le bromure de potassium et l'arsenic. Ce dernier, administré dans un cas de diabète avec azoturie, par M. Marvaux, depuis la dose de $2^{mm},5$ jusqu'à $7^{mm},5$ d'acide arsénieux, a fait descendre l'urée de 164 grammes à un chiffre presque physiologique.

M. E. Roux a eu l'obligeance de me communiquer une observation de diabète sucré, recueillie à l'Hôtel-Dieu de Clermont-Ferrand, dans le service de M. le professeur Bourgade. Voici le résumé des nombreux dosages de sucre, d'urée et de chlorures qui ont été faits sur les urines de ce malade.

Obs. XVIII. — *Diabète sucré.*

Le nommé F. P..., âgé de 19 ans, de très-faible constitution, fut pris au mois d'août 1872 d'un malaise subit, qui s'accompagna bientôt d'une soif ardente, de maux de tête et de douleurs lombaires. Quelques temps après, l'appétit devint excessif et la sécrétion urinaire abondante; l'amaigrissement fit de rapides progrès; il survint de l'œdème aux jambes et de la bouffissure du visage. Au mois de décembre, le malade entra à l'hôpital. Les traitements les plus variés n'avaient pas encore modifié l'évolution de la maladie, à l'époque où l'observation fut suspendue.

Les quantités d'urine rendues en vingt-quatre heures variaient de 4 à 7 litres; elles dépassaient toujours celles des boissons ingérées; leur densité était inférieure à 1,035 ; réaction acide.

29 janvier 1873. Le malade a rendu, de cinq heures du matin à sept heures du soir, 4 litres 220 d'urine, 288 gr. 665 de sucre, 29 gr. 335 d'urée et 19 gr. de chlorures.

Le 30. Il y a eu, en vingt-quatre heures, 6 litres 160 d'urine, 412 gr. 59 de sucre, 29 gr. 34 d'urée et 28 gr. 57 de chlorures.

Le 31. On a obtenu 6 litres 83 d'urine, 480 gr. 92 de sucre, 41 gr. 31 d'urée et 21 gr. 61 de chlorures.

L'énorme quantité de chlorures a évidemment une origine alimentaire; celle de l'urée doit être de beaucoup supérieure à la moyenne physiologique du malade, dont la taille et le poids sont, d'après l'observation, bien au-dessous de son âge.

M. Roux a fait, en outre, l'analyse de plusieurs échantillons d'urine excrétée aux divers moments de la journée, dans le but d'étudier certaines influences sur l'élimination du sucre, de l'urée et du chlore, et les rapports qui existent entre les variations respectives de ces principes. Les résultats, exposé sous forme de courbe dans un même tableau, peuvent se résumer ainsi :

Les trois courbes s'élèvent pendant le jour, surtout après les repas, et atteignent leur minimum pendant la nuit. Diverses influences impriment à l'ascension diurne de grandes irrégularités; la descente nocturne est, au contraire tout à fait uniforme. Le maximum a lieu entre cinq et sept heures du soir, le minimum vers quatre ou cinq heures du matin. Le sommet des irrégularités correspond aux heures qui suivent les repas, il y a une dépression à l'heure qui les précède.

Des trois courbes, celle du chlore est la plus irrégulière pendant le jour et la plus sensible à l'influence de repas. Cette même circonstance fait subir à l'urée des oscillations un peu moins étendues. La courbe du sucre est encore moins accidentée (Roux).

Polyurie avec azoturie. — M. Bouchardat a décrit, sous le nom de forme nouvelle de consomption, une maladie « dans laquelle il n'existe d'autres signes anatomiques qu'une légère augmentation du foie dans les cas graves, avec un peu de sensibilité de cet organe. L'état général se résume dans un dépérissement graduel ». Les urines ont été augmentées (2 à 4 litres; leur densité a varié de 1,017 à 1,031; les matières solides ont atteint le chiffre de 221 grammes dont 133 grammes d'urée). M. Bouchardat explique cette évacuation exagérée de produits excrémentitiels par une destruction rapide des substances protéiques, liée elle-même à une activité exagérée de l'une des fonctions du foie.

Dans la *polyurie*, avec augmentation de produits azotés, on trouve plusieurs types de composition des urines, selon que l'élimination exagérée porte sur l'urée seulement, sur les autres principes ou sur tous à la fois (Kien).

De même que le diabète sucré, cette maladie a une tendance à la consomption, et quand cette période arrive, le chiffre des principes excrémentitiels tombe au-dessous de la normale. Leur dosage est donc un excellent moyen de juger de l'état général et de l'action des médicaments destinés à enrayer la débilitation. Le maintien de l'urée à un chiffre normal, dans les maladies à longue écheance, telles que le diabète insipide et glycosurique, prouve que la période cachectique est éloignée ou conjurée, et que la nutrition ne dépérit pas.

Les médicaments d'épargne, qui diminuent les pertes de matière azotée chez les glycosuriques, ont, dans ce cas, une action non moins efficace. M. Bouchard a vu, chez une femme rendant 16 litres d'urine par jour et 35 grammes d'urée, la liqueur de Fowler (12 gouttes) faire tomber en cinq jours la quantité d'urine à 8 litres et celle de l'urée à 12 grammes. Dans un cas de diabète insipide, où la polyphagie, la polydipsie, la polyurie et l'azoturie existaient au plus haut degré (54 grammes d'urée en vingt-quatre heures), M. Hirne a constaté l'influence favorable de la valériane (communication orale).

Polyurie avec diminution d'urée. – On observe une excrétion abondante et passagère d'urine, pendant la période critique et la convalescence de certaines affections aiguës, à la suite d'une ingestion copieuse de boissons, et dans quelques affections nerveuses (épilepsie, hystérie). La proportion de l'urée est ordinairement diminuée, surtout dans les mictions qui suivent les attaques épileptiques et hystériques.

La *polyurie simple* peut exister sans excès ni diminution d'urée, et persister longtemps sans apporter le moindre trouble à la santé générale. D'après l'expérimentation et la pathologie, on doit penser que sa localisation nerveuse est très-voisine de celle du diabète, ce qui expliquerait la réunion fréquente de ces deux phénomènes (Robin). Toutefois la clinique et l'anatomie pathologique rencontrent souvent des faits entre lesquels il est difficile d'établir une liaison physiologique. Tel est peut-être le cas suivant :

OBSERVATION XIX.

Tumeur cérébrale, d'origine syphilitique et dont le siége est douteux ; symptômes divers, entre autres une tendance au recul, qui fait supposer une lésion du cervelet ; symptômes de paralysies successives, alternes et variables. *Polyurie* passagère, comme les autres phénomènes (elle dure un mois ou deux) : urines claires, limpides, contenant 18 grammes d'urée au total.

A l'autopsie, tumeur cérébrale dans l'épaisseur du lobe frontal gauche et un foyer d'hémorrhagie datant de plusieurs mois au niveau de l'arbre de vie du lobe gauche du cervelet ; plus, un grand nombre de petits foyers hémorrhagiques dans le lobe cérébral droit. Rien au plancher du quatrième ventricule (Hirne).

Dans certains cas de nervosisme prolongé, on observe, avec des symptômes hystériques, une polyurie qui s'accompagne d'une grande diminution d'urée. Les matières extractives éprouvent quelquefois des oscillations inverses. M. Kiener (thèse de Strasbourg) en cite un exemple. Cette même observation nous fait voir que l'urée peut s'éliminer en abondance, en même temps que la diurèse baisse subitement de plusieurs litres, c'est-à-dire, lorsque les fonctions nerveuses et la nutrition reviennent à l'état normal.

Le cas suivant est un exemple de polyurie hystérique, dans laquelle tous les matériaux solides de
l'urine sont diminués. Je n'ai dosé, il est vrai, que le
chlore et l'urée, mais on peut affirmer, d'après la densité, que la diminution portait sur tous les autres
principes.

OBSERVATION XX.

B..., âgée de 30 ans, entre, le 3 décembre 1873, dans le service
de M. Cadet de Gassicourt, pour quelques douleurs qui ont accompagné le retour des règles, supprimées depuis cinq ans, époque
à laquelle elle a accouché à terme d'un enfant mort-né. C'était
sa seconde grossesse. La première, quatre ans auparavant, avait
été heureuse. A la suite du premier accouchement, elle est restée
dix mois sans voir ses règles. Après le deuxième, elles sont
revenues deux ou trois fois pour disparaître complètement. Depuis
cette époque, cette femme a remarqué qu'elle buvait plus que
d'habitude. Cette année, au mois de février, elle a eu, dit-elle,
une maladie caractérisée par des vomissements, de la diarrhée,
de l'anorexie et qu'elle croit être une fièvre typhoïde. Mais ce
récit très-obscur et entrecoupé de rires et de pleurs sans motifs
nous éclaire moins sur son passé que sur l'état actuel; cette
femme est évidemment hystérique, quoiqu'elle n'ait jamais eu
d'attaques. Outre les troubles de l'intelligence, on constate de
l'anesthésie à la région épigastrique et au membre inférieur
droit. Elle n'éprouve qu'une faiblesse générale; les fonctions
digestives ne présentent d'autre particularité qu'une soif insa-
tiable. La quantité des urines est à peu près égale à celle des
boissons ingérées; elles sont naturellement très-limpides et incolores. On prescrit la valériane à partir du 8 décembre. Voici les
résultats de quelques analyses,

Jours du mois.	Volume des urines de 24 heures.	Densité.	Urée.	Chlore.
5 décembre.	6000	1004	12.12	—
6 —	7100	1003	15.97	6.35
7 —	8500	1002	15.47	6.37
8 —	8300	1003	16.18	—
10 —	9000	1015	13.50	—
12 —	10500	1001	8.92	5.46

L'observation est restée inachevée. On voit cependant par ce petit nombre d'analyses que l'urée est considérablement diminuée, et que les chlorures sont en quantité à peu près normale. Il semble que l'excrétion va s'élever avec la quantité d'urine, puisqu'il y a 2 litres de liquide et 4 grammes d'urée de différence entre les chiffres correspondants du 5 décembre et ceux du 8 décembre. C'est alors que l'on prescrit la valériane à dose croissante, à partir de 8 gr. d'extr., et aussitôt la composition des urines est modifiée ; après quatre jours, l'urée est réduite de moitié, les chlorures mêmes sont légèrement diminués ; mais la polyurie, que l'on voulait combattre, devient au contraire plus abondante. Nous avons déjà vu que ce médicament a une influence plus rapide et plus accentuée sur l'azoturie que sur l'élimination de l'eau (Bouchard) ; cette observation en est une preuve. La polyurie aura peut-être subi à son tour une diminution plus tardive, correspondant à une seconde période des effets physiologiques de la valériane.

Oligurie et anurie hystériques. — On a observé, dans certains cas d'hystérie, la suppression plus ou moins complète des urines, à l'état de symptôme permanent, durant plusieurs semaines ou plusieurs mois. Les observations les plus récentes et les plus rigoureuses ont été faites par MM. Charcot, Fernet, Secouet, etc.

La sécrétion urinaire, réduite à quelques centimètres cubes de liquide, élimine de très-faibles quantités d'urée. C'est à la sortie des produits excrémentitiels par une voie anormale qu'il faut attribuer l'absence des accidents qui compliquent ailleurs l'insuffisance rénale. L'émonctoire naturel est en partie suppléé par la surface digestive. Des vomissements, parfois incoercibles, et qu'il faut d'ailleurs se garder de combattre, préviennent l'accumulation de l'urée et en éliminent d'assez grandes quantités, pour que la proportion contenue dans le sang ne soit pas de beaucoup supérieure à la normale (Charcot et Grehant). Toutefois, cette dépuration supplémentaire serait insuffisante, si la désassimilation n'était pas ralentie elle-même ; dans d'autres cas où, l'excrétion urinaire - étant supprimée, la formation de l'urée est restée normale, le concours de tous les émonctoires est impuissant à prévenir l'intoxication urémique. Il faut évidemment que, chez les hystériques, les troubles nerveux, qui ont déterminé la perversion fonctionnelle des reins, s'accompagnent aussi d'un ralentissement des métamorphoses organiques. C'est ce que démontre le dosage de l'urée excrétée en vingt-quatre heures par toutes les humeurs normales ou pathologiques (vomissements, urines). Dans le cas de M. Charcot, la totalité de ces liquides ne contenait que 3 gr.878 d'urée.

Certaines *affections convulsives* (éclampsie, tétanos, strychnisme, etc.) élèvent la température et diminuent la quantité d'urée. L'élévation thermique augmente avec la violence des contractions et la gravité de la maladie. Pour expliquer la séparation de ces deux phénomèes, on a pensé que l'excès de chaleur avait pose l'écauur tat particulier des muscles, une sorte de combustion locale (Carville). M. Muron a trouvé que l'exhalation de l'acide carbonique était plus considéable.

Il n'en est pas de même dans l'*apoplexie*, où la température s'élève aussi quelques jours avant la mort. MM. Charcot et Bouchard ont remarqué que l'urée, normale au début comme la chaleur, augmentait avec elle. D'après ces auteurs, la mort des apoplectiques arriverait donc par un mécanisme qui rappelle entièrement celui de la fièvre.

TABLE DES MATIÈRES

Paris. A. Parent, imprimeur de la Faculté de Médecine, rue Mr-le-Prince, 31.